统计数据分析方法

杨 虎 明 浩 杨玥含 编著

科学出版社

北 京

内 容 简 介

全书共十章, 内容包括回归分析、变量选择、时间序列、非参数统计、聚类分析、判别分析、逻辑斯谛回归与支持向量机、主成分分析、因子分析、纵向数据分析. 各章都有丰富的案例分析, 为使书中案例贴近数据的应用实际, 采用了方便获取的证券市场高频数据, 并使用国际通用的 R 软件进行数据收集、处理、加工和分析, 便于读者自己动手和实际应用. 全书内容讲解简明扼要, 注重应用, 让读者从收集数据开始, 掌握数据收集、整理和大数据统计分析的全过程.

本书依据应用统计专业硕士研究生学位课程内容要求编写, 兼顾为翻转课堂和研究生创新性大数据与机器学习、人工智能开发应用研究提供前沿的案例和素材. 本书可作为应用统计专业硕士研究生课程的教材或教学参考书. 也可供大数据分析应用方面的研究生、教师、科研人员和统计工作者参考.

图书在版编目 (CIP) 数据

统计数据分析方法/杨虎, 明浩, 杨玥含编著. —北京: 科学出版社, 2023.3
ISBN 978-7-03-075173-7

Ⅰ. ①统⋯　　Ⅱ. ①杨⋯ ②明⋯ ③杨⋯　　Ⅲ. ①统计数据–统计分析
Ⅳ. ①O212.1

中国国家版本馆 CIP 数据核字(2023)第 045805 号

责任编辑: 王胡权 / 责任校对: 郝甜甜
责任印制: 张　伟 / 封面设计: 蓝正设计

科 学 出 版 社 出版
北京东黄城根北街 16 号
邮政编码: 100717
http://www.sciencep.com

涿州市般润文化传播有限公司 印刷
科学出版社发行　各地新华书店经销

*

2023 年 3 月第 一 版　　开本: 720 × 1000　1/16
2024 年 1 月第二次印刷　　印张: 12 3/4
字数: 262 000
定价: 59.00 元
(如有印装质量问题, 我社负责调换)

前　　言

学术界和业界长期都在试图找寻高效的方法将获取的信息转换为有效的投资组合, 并用于资产定价或资产配置, 以获取更高的收益率. 这方面的努力成为研究主动投资管理及其优化问题的长期动力. 2013 年以后, 大数据开始风靡全球, 成为时代的重要标志. 我们早在 2002 年就开始从事金融数据挖掘研究和教学, 尤其是对统计投资模型和模拟收益的研究; 2011 年正式给本科生开设证券数据统计建模与实证分析课程; 2013 年结合大数据发展, 给硕士研究生和博士研究生开设了金融大数据统计方法与实证的课程.

2016 年出版了《金融大数据统计方法与实证》一书, 最初是给本科生讲授多元统计分析的一本翻转课堂使用的应用型教材, 该书内容尽量简明扼要, 不追求理论的完整和逻辑, 重在应用和模拟实证. 出版后, 受到全国很多高校的青睐和选用, 后来逐渐扩大到一些应用类的研究生教学中. 重庆大学在研究生的教学中虽然使用同样的教材, 但内容属于增强版, 所有章节都以假定已经学过第 9 章变量选择为出发点, 在此基础上很多内容都在高维和稀疏上得到本质的提升, 很多内容已经成为当前热门的研究内容. 最初准备再版时增加这些内容, 但最终因为难以平衡本科和研究生的教学要求, 一直没有付诸实践. 去年第五轮教学评估填报材料的时候, 发现应用统计专业硕士的教学计划存在未完善的问题, 按照国务院学位委员会学科评议组对主干课程的要求, 统计数据分析方法的内容和我们实际教学内容覆盖有很大区别, 为了接轨, 于是萌生了专门写一本供应用统计专业硕士研究生使用的教材, 初稿完成后, 在重庆大学 2020—2022 级应用统计专业硕士教学班上试用, 仍然采取翻转课堂教学, 鼓励学生阅读文献, 大胆创新和实践, 收到意料之中的突出效果, 很多研究生完成的研究内容无论方法创新还是模拟实证效果都达到了较高的水平. 通过公开讨论课, 学生的动手能力和研究能力明显加强, 也从另一个角度弥补了应用统计专业硕士科研能力普遍不强的短板, 强化了论文写作、模型分析和模拟实证的科学训练, 收到良好的效果, 受到选课学生的肯定.

在取材和写作上, 有如下特色.

1. 注重理论知识与实际问题的结合, 注重运用统计知识解决大数据问题, 图文并茂, 使该书通俗易懂, 可读性强.

2. 和传统教材相比, 本书引入了前沿的研究成果, 应用案例大多来自金融证券市场, 数据量大, 变量众多, 传统的分析方法和计算手段受到很大的限制, 为了培养学生的动手能力, 本书借助于开源的 R 软件, 对来自股票市场的第一手数据进行统计分析, 在实践中体会大数据统计方法的思想和应用.

3. 在例题与案例编排上尽可能做到前后衔接, 从而让一些例子能够前后对照, 突出各种统计方法的优良性质, 所有案例都用 R 软件进行了计算. 程序通过互联网免费下载, 便于正文的流畅阅读, 也方便程序的编辑和使用.

本书很多内容至今仍然是国际学术研究领域的前沿研究方向, 因此成为众多优秀学者和青年学生的热门选题, 如果作为教材可深可浅, 尤其是实证研究, 需要更多地利用课余时间进行金融证券理论知识和 R 程序知识的扩充. 本书无论理论研究还是应用需要, 都要求读者结合 R 软件进行大量的应用案例分析. 在应用问题的分析和编程实践中去体会统计数据分析方法的众多内容.

本书部分案例来自授课班级学生的课余习作, 不一一说明, 特此一并致谢.

本书是国家自然科学基金项目 (编号: 11671059)"复杂统计数据的参数和半参数模型选择及在金融大数据中的应用" 的组成部分.

由于编者水平所限, 不当之处在所难免, 恳请国内同行及广大读者不吝赐教.

编　者

2022 年 7 月 2 日

目　　录

第 1 章　回　归　分　析

回归分析研究的主要对象是客观事物变量间的统计关系, 即建立在对客观事物大量试验和观测的基础上, 寻找隐藏在表面不确定现象中统计规律性的统计方法. 本章主要介绍多元线性回归模型及相关性质、不符合基本假设的检验和多重共线性问题的解决方法.

1.1　回　归　模　型

1.1.1　一般形式及假设

如果 p 个自变量 $X_1, X_2, \cdots, X_p$ 和因变量 Y 之间存在如下的相关关系:

$$\begin{cases} Y = f(x_1, x_2, \cdots, x_p) + \varepsilon, \\ E(\varepsilon) = 0, \mathrm{Var}(\varepsilon) = \sigma^2, \end{cases}$$

则称上式为多元回归模型, 其中 $f(\cdot)$ 称为回归函数, 其中 $x_1, x_2, \cdots, x_p$ 是自变量的观察值, ε 为随机误差项, 满足高斯-马尔可夫 (Gauss-Markov) 假定

$$\mathrm{cov}(\varepsilon_i, \varepsilon_j) = \begin{cases} \sigma^2, & i = j, \\ 0, & i \neq j. \end{cases} \tag{1.1}$$

1.1.2　线性模型及参数的最小二乘估计

考虑 p 个自变量 $X_1, X_2, \cdots, X_p$ 和因变量 Y 之间满足如下的相关关系:

$$\begin{cases} Y = \beta_0 + \beta_1 x_1 + \cdots + \beta_p x_p + \varepsilon, \\ E(\varepsilon) = 0, \mathrm{Var}(\varepsilon) = \sigma^2, \end{cases} \tag{1.2}$$

则称 (1.2) 式为多元线性回归模型. $f(x_1, x_2, \cdots, x_p) = \beta_0 + \beta_1 x_1 + \cdots + \beta_p x_p$ 称为多元线性回归函数, $\beta_j, j = 0, 1, \cdots, p$ 为待估参数, 称为回归系数, ε 为随机误差项. 特别地, 当 $p = 1$ 时 (1.2) 式就退化为一元线性回归模型.

设来自模型 (1.2) 的样本为 $\{(x_{i1}, x_{i2}, \cdots, x_{ip}, y_i) : i = 1, 2, \cdots, n\}$, 如果满足如下的条件:

$$
\begin{cases}
y_i = \beta_0 + \beta_1 x_{i1} + \cdots + \beta_p x_{ip} + \varepsilon_i, & i = 1, 2, \cdots, n, \\
E(\varepsilon_i) = 0, \mathrm{Var}(\varepsilon_i) = \sigma^2, & i = 1, 2, \cdots, n, \\
\mathrm{cov}(\varepsilon_i, \varepsilon_j) = 0, & i \neq j, \quad i, j = 1, 2, \cdots, n.
\end{cases}
\tag{1.3}
$$

记 $\beta = (\beta_0, \beta_1, \cdots, \beta_p)', Y = (y_1, y_2, \cdots, y_n)', \varepsilon = (\varepsilon_1, \varepsilon_2, \cdots, \varepsilon_n)',$

$$
X = \begin{pmatrix}
1 & x_{11} & x_{12} & \cdots & x_{1p} \\
1 & x_{21} & x_{22} & \cdots & x_{2p} \\
\vdots & \vdots & \vdots & & \vdots \\
1 & x_{n1} & x_{n2} & \cdots & x_{np}
\end{pmatrix},
$$

则 (1.3) 式可以表示为

$$
\begin{cases}
Y = X\beta + \varepsilon, \\
E(\varepsilon) = 0, \mathrm{Var}(\varepsilon) = \sigma^2 I_n.
\end{cases}
\tag{1.4}
$$

设 $\hat{\beta} = (\hat{\beta}_0, \hat{\beta}_1, \cdots, \hat{\beta}_p)'$ 为 β 的估计量, $\hat{Y} = (\hat{y}_1, \hat{y}_2, \cdots, \hat{y}_n)'$ 为预测值, 则称 $\hat{Y} = X\hat{\beta}$ 为线性回归方程. 因此残差平方和为

$$
S_E^2(\hat{\beta}) = \sum_{i=1}^{n} (y_i - \hat{\beta}_0 - \hat{\beta}_1 x_{i1} - \hat{\beta}_2 x_{i2} - \cdots - \hat{\beta}_p x_{ip})^2
$$

$$
= \left\| Y - X\hat{\beta} \right\|^2 = Y'Y - 2Y'X\hat{\beta} + \hat{\beta}'X'X\hat{\beta}.
$$

故参数 β 的估计即考虑如下目标函数

$$
\min_{\beta} S_E^2(\beta)
\tag{1.5}
$$

的最优解, 对 (1.5) 式采用矩阵的微商求偏导有

$$
\frac{\partial}{\partial \beta} S_E^2(\beta) = 2X'X\beta - 2X'Y = 0,
\tag{1.6}
$$

由于 $\mathrm{rank}(X'X) = \mathrm{rank}(X) = p + 1$, 所以 $(X'X)^{-1}$ 存在. 则 (1.6) 式解得 β 的最小二乘 (least squares, LS) 估计为

$$
\hat{\beta} = (X'X)^{-1}X'Y.
\tag{1.7}
$$

于是

$$\hat{Y} = X\hat{\beta} = X(X'X)^{-1}X'Y = HY, \tag{1.8}$$

其中 $H = X(X'X)^{-1}X'$ 称为投影矩阵, 也称为帽子矩阵, H 是对称幂等矩阵, 即 $H = H', H = H^2$. 同样地, $(I_n - H)$ 也是对称幂等矩阵. 特别地, 当 $p = 1$ 时有

$$X'X = \begin{pmatrix} n & n\overline{x} \\ n\overline{x} & \sum_{i=1}^{n} x_i^2 \end{pmatrix}, \quad (X'X)^{-1} = \begin{pmatrix} \dfrac{1}{n} + \dfrac{\overline{x}^2}{l_{xx}} & -\dfrac{\overline{x}}{l_{xx}} \\ -\dfrac{\overline{x}}{l_{xx}} & \dfrac{1}{l_{xx}} \end{pmatrix},$$

则 β_0 和 β_1 的 LS 估计分别为

$$\begin{cases} \hat{\beta}_1 = \dfrac{l_{xy}}{l_{xx}}, \\ \hat{\beta}_0 = \overline{y} - \hat{\beta}_1 \overline{x}, \end{cases} \tag{1.9}$$

其中 $\overline{x} = \dfrac{1}{n} \sum\limits_{i=1}^{n} x_i, \ \overline{y} = \dfrac{1}{n} \sum\limits_{i=1}^{n} y_i, \ l_{xx} = \sum\limits_{i=1}^{n} (x_i - \overline{x})^2, \ l_{xy} = \sum\limits_{i=1}^{n} (x_i - \overline{x})(y_i - \overline{y}).$

1.1.3 最小二乘估计的性质

性质 1.1 $\hat{\beta} \sim (\beta, \sigma^2(X'X)^{-1})$.

证明 由 (1.4) 式知

$$Y \sim (X\beta, \sigma^2 I_n),$$

又 $\hat{\beta} = (X'X)^{-1}X'Y$ 为 Y 的各分量 $Y_1, Y_2, \cdots, Y_n$ 的线性组合, 因此有

$$E(\hat{\beta}) = E[(X'X)^{-1}X'Y] = (X'X)^{-1}X'E(Y) = (X'X)^{-1}X'X\beta = \beta.$$

根据 $\mathrm{cov}(AX, BY) = A\mathrm{cov}(X, Y)B'$, 易知

$$\mathrm{cov}(\hat{\beta}, \hat{\beta}) = \mathrm{cov}((X'X)^{-1}X'Y, (X'X)^{-1}X'Y)$$

$$= (X'X)^{-1}X'\mathrm{cov}(Y, Y)X(X'X)^{-1} = \sigma^2(X'X)^{-1}. \qquad \text{证毕.}$$

特别地, 当 $p = 1$ 时 $y \sim (\beta_0 + \beta_1 x, \sigma^2)$, 令 $k_i = \dfrac{x_i - \overline{x}}{l_{xx}}, w_i = \dfrac{1}{n} - k_i \overline{x}.$ (1.9) 式化为

$$\begin{cases} \hat{\beta}_1 = \sum\limits_{i=1}^{n} k_i y_i, \\ \hat{\beta}_0 = \sum\limits_{i=1}^{n} w_i y_i. \end{cases}$$

同理可得

$$E(\hat{\beta}_0) = \sum_{i=1}^{n} w_i E(y_i) = \beta_0, \quad E(\hat{\beta}_1) = \sum_{i=1}^{n} k_i E(y_i) = \beta_1,$$

$$\mathrm{Var}(\hat{\beta}_0) = \sum_{i=1}^{n} w_i^2 \mathrm{Var}(y_i) = \sigma^2 \left(\frac{1}{n} + \frac{\overline{x}^2}{l_{xx}} \right),$$

$$\mathrm{Var}(\hat{\beta}_1) = \sum_{i=1}^{n} k_i^2 \mathrm{Var}(y_i) = \frac{\sigma^2}{l_{xx}},$$

$$\mathrm{cov}(\hat{\beta}_0, \hat{\beta}_1) = \mathrm{cov}\left(\sum_{i=1}^{n} w_i y_i, \sum_{i=1}^{n} k_i y_i \right) = \sum_{i=1}^{n} k_i w_i \mathrm{Var}(y_i) = -\frac{\overline{x}}{l_{xx}} \sigma^2,$$

由此可知

$$E(\hat{y}) = E(\hat{\beta}_0) + x E(\hat{\beta}_1) = \beta_0 + x \beta_1,$$

$$\mathrm{Var}(\hat{y}) = \mathrm{Var}(\hat{\beta}_0) + x^2 \mathrm{Var}(\hat{\beta}_1) + 2\mathrm{cov}(\hat{\beta}_0, \hat{\beta}_1) = \left(\frac{1}{n} + \frac{(x-\overline{x})^2}{l_{xx}} \right) \sigma^2.$$

性质 1.2 记 $e = Y - \hat{Y}$, 则 $e = (I_n - H)Y = (I_n - H)\varepsilon \sim (0, \sigma^2(I_n - H))$.

证明 由于

$$e = Y - \hat{Y} = Y - HY = (I_n - H)Y = (I_n - H)X\beta + (I_n - H)\varepsilon = (I_n - H)\varepsilon,$$

再结合 $e = (I_n - H)\varepsilon$ 和 (1.4) 式知

$$Ee = (I_n - H)E(\varepsilon) = 0,$$

$$\mathrm{cov}(e, e) = (I_n - H)\mathrm{cov}(\varepsilon, \varepsilon)(I_n - H) = \sigma^2(I_n - H). \qquad 证毕.$$

性质 1.3 $\mathrm{cov}(\hat{\beta}, e) = 0$.

证明 结合 $e = (I_n - H)Y$ 和 (1.4) 式知

$$\mathrm{cov}(\hat{\beta}, e) = \mathrm{cov}((X'X)^{-1}X'Y, (I_n - H)Y)$$

$$= (X'X)^{-1}X'\mathrm{cov}(Y, Y)(I_n - H)$$

$$= (X'X)^{-1}X'\mathrm{cov}(\varepsilon, \varepsilon)(I_n - H)$$

$$= \sigma^2(X'X)^{-1}X'(I_n - H) = 0. \qquad 证毕.$$

性质 1.4 设 $S_E^2 = \sum_{i=1}^{n} (y_i - \hat{y}_i)^2$, 则 $E(S_E^2) = (n-p-1)\sigma^2$, $\hat{\sigma}^2 = \dfrac{S_E^2}{n-p-1}$ 为 σ^2 的无偏估计量.

证明 由性质 (1.2) 得

$$E(S_E^2) = \text{tr}(\text{cov}(e,e)) = \sigma^2 \text{tr}(I_n - H) = \sigma^2(n - \text{tr}(H))$$

$$= \sigma^2(n - \text{tr}(I_{p+1})) = \sigma^2(n-p-1),$$

所以

$$E(\hat{\sigma}^2) = \frac{E(S_E^2)}{n-p-1} = \sigma^2. \qquad \text{证毕.}$$

性质 1.5 记 $S_T^2 = \sum_{i=1}^{n} (y_i - \overline{y})^2$, $S_R^2 = \sum_{i=1}^{n} (\hat{y}_i - \overline{y})^2$ 分别表示总偏差平方和、回归平方和, 则有 $S_T^2 = S_R^2 + S_E^2$.

证明 按如下方式分解总偏差平方和

$$S_T^2 = \sum_{i=1}^{n} (y_i - \overline{y})^2 = \sum_{i=1}^{n} (y_i - \hat{y}_i + \hat{y}_i - \overline{y})^2$$

$$= S_E^2 + S_R^2 + 2\sum_{i=1}^{n} (y_i - \hat{y}_i)(\hat{y}_i - \overline{y})$$

$$= S_E^2 + S_R^2 + 2\sum_{i=1}^{n} (y_i - \hat{y}_i)\hat{y}_i - 2\overline{y}\sum_{i=1}^{n} (y_i - \hat{y}_i),$$

由于 $\hat{\beta}$ 满足 $\dfrac{\partial}{\partial \beta} S_E^2(\beta) = 0 \Rightarrow \sum_{i=1}^{n} (y_i - \hat{y}_i) = 0$, 又

$$\sum_{i=1}^{n} (y_i - \hat{y}_i)\hat{y}_i = (Y - \hat{Y})'\hat{Y} = Y'HY - Y'H'HY = 0,$$

故 $S_T^2 = S_R^2 + S_E^2$. 证毕.

性质 1.6 假定随机误差 $\varepsilon \sim N(0, \sigma^2 I_n)$, 则 e 与 $\hat{\beta}$ 独立, S_E^2 与 $\hat{\beta}$ 独立.

证明 由 $\varepsilon \sim N(0, \sigma^2 I_n)$, 且 $e = (I_n - H)\varepsilon$, $\hat{\beta} = \beta + (X'X)^{-1}X'\varepsilon$, $S_E^2 = \varepsilon'(I-H)\varepsilon$ 和性质 1.3 知 $\text{cov}(\hat{\beta}, e) = 0$, 故 e 与 $\hat{\beta}$ 独立. S_E^2 与 $\hat{\beta}$ 独立 (参考相关文献). 证毕.

性质 1.7 假定随机误差 $\varepsilon \sim N(0, \sigma^2 I_n)$, 则有

(1) S_R^2 与 S_E^2 独立;

(2) $\dfrac{S_E^2}{\sigma^2} \sim \chi^2(n-p-1)$;

(3) 若 $\beta_1 = \beta_2 = \cdots = \beta_p = 0$, 则 $\dfrac{S_T^2}{\sigma^2} \sim \chi^2(n-1)$, $\dfrac{S_R^2}{\sigma^2} \sim \chi^2(p)$.

证明比较复杂, 请参考相关文献.

1.1.4　线性模型的显著性检验

自变量 $X_1, X_2, \cdots, X_p$ 和因变量 Y 之间是否具有密切的线性关系, 需要对线性模型进行显著性检验. 需要注意的是, 即便 $X_1, X_2, \cdots, X_p$ 与 Y 之间有密切的线性关系, 但也不意味着每个变量 $X_j(j = 1, 2, \cdots, p)$ 对 Y 都有显著的影响. 因此, 还必须检验每个变量 $X_j(j = 1, 2, \cdots, p)$ 对 Y 影响的显著性, 对那些影响不显著的变量应从模型中逐个剔除后, 重新建立只包含对 Y 有显著影响的自变量的回归方程.

1. 模型的显著性检验

若所有自变量 $X_1, X_2, \cdots, X_p$ 对因变量 Y 的影响不显著, 那么模型 (1.2) 中的系数 $\beta_j = 0(j = 1, 2, \cdots, p)$. 则问题转化为检验

$$H_0 : \beta_1 = \beta_2 = \cdots = \beta_p = 0, \tag{1.10}$$

由性质 1.5 可知, 在 H_0 成立条件下, 对于确定的 S_T^2, S_R^2/S_E^2 较大是一个小概率事件, 故选择拒绝域的形式为 $\{S_R^2/S_E^2 > c\}$, 再根据性质 1.7 知, 当 H_0 成立时, 有

$$F = \frac{(n-p-1)S_R^2}{pS_E^2} \sim F(p, n-p-1), \tag{1.11}$$

所以当 H_0 成立时, 对给定的显著水平 α 可求得临界值

$$c = \frac{p}{n-p-1}F_{1-\alpha}(p, n-p-1),$$

该检验方法称为 F 检验法.

还可以利用回归平方和 S_R^2 在总离差平方和 S_T^2 中所占比例大小衡量 Y 与 $X_1, X_2, \cdots, X_p$ 之间的线性相关的密切程度, 称

$$R = \sqrt{\frac{S_R^2}{S_T^2}} = \sqrt{\frac{\sum\limits_{i=1}^{n}(\hat{y}_i - \overline{y})^2}{\sum\limits_{i=1}^{n}(y_i - \overline{y})^2}} \tag{1.12}$$

为样本复相关系数或多元相关系数. $0 \leqslant R \leqslant 1$, R 越接近于 1, 说明 Y 与 X_1, $X_2, \cdots, X_p$ 之间的线性相关关系越显著; R 越接近 0, 说明 Y 与 $X_1, X_2, \cdots, X_p$ 之间的线性相关关系越不显著. 因此给定显著水平 $\alpha\,(0 < \alpha < 1)$, 当 R 的样本值 $r > r_\alpha(n - p)$(相关系数临界值, 可通过 R 程序计算) 时, 认为 Y 与 $X_1, X_2, \cdots, X_p$ 之间的线性相关性显著, 否则认为 Y 与 $X_1, X_2, \cdots, X_p$ 之间的线性相关性不显著.

2. 系数的显著性检验

当 Y 与 $X_1, X_2, \cdots, X_p$ 之间有显著性线性相关关系时, 还必须检验每个变量 $X_j(j = 1, 2, \cdots, p)$ 的显著性. 如果 X_j 对 Y 的作用不显著, 那么 β_j 应该为 0, 也就是对

$$H_{0j} : \beta_j = 0, \quad j = 1, 2, \cdots, p \tag{1.13}$$

进行检验, 其拒绝域形式 $\left\{ \left| \hat{\beta}_j \right| > c_j \right\}$. 如果假定随机误差 $\varepsilon \sim N(0, \sigma^2 I_n)$, 由性质 1.1 可知 $\hat{\beta} \sim N(\beta, \sigma^2(X'X)^{-1})$, 记 $C = (X'X)^{-1} = (c_{ij})_{(p+1)\times(p+1)}$, 则

$$\hat{\beta}_j \sim N(\beta_j, \sigma^2 c_{jj}), \quad j = 1, 2, \cdots, p, \tag{1.14}$$

从而

$$\frac{\hat{\beta}_j - \beta_j}{\sigma\sqrt{c_{jj}}} \sim N(0, 1), \tag{1.15}$$

$$\frac{(\hat{\beta}_j - \beta_j)^2}{\sigma^2 c_{jj}} \sim \chi^2(1). \tag{1.16}$$

由性质 1.6 知 S_E^2 和 β_j 独立, 从而有 $\dfrac{(\hat{\beta}_j - \beta_j)^2}{\sigma^2 c_{jj}}$ 和 S_E^2 独立, 再由性质 1.7 得, 当 H_{0j} 成立时, 有

$$F_j = \frac{(n - p - 1)\hat{\beta}_j^2}{c_{jj}S_E^2} \sim F(1, n - p - 1), \quad j = 1, 2, \cdots, p, \tag{1.17}$$

$$T_j = \frac{(n - p - 1)\hat{\beta}_j}{\sqrt{c_{jj}}S_E} \sim t(n - p - 1), \quad j = 1, 2, \cdots, p. \tag{1.18}$$

当给定显著性水平 $\alpha\,(0 < \alpha < 1)$ 时, 拒绝域的临界值为

$$c_j = S_E \sqrt{\frac{c_{jj} F_{1-\alpha}(1, n-p-1)}{n-p-1}}, \quad j = 1, 2, \cdots, p \qquad (1.19)$$

或

$$c_j = \frac{\sqrt{c_{jj}} S_E}{\sqrt{n-p-1}} t_{1-\alpha/2}(n-p-1), \quad j = 1, 2, \cdots, p. \qquad (1.20)$$

如果检验的结果是接受原假设 H_{0j}, 即 $\beta_j = 0$, 则需要把 x_j 从回归方程

$$\hat{y} = \hat{\beta}_0 + \hat{\beta}_1 x_1 + \hat{\beta}_2 x_2 + \cdots + \hat{\beta}_p x_p$$

中剔除, 重新采用最小二乘法估计回归系数, 建立新的回归方程

$$\hat{y} = \hat{\beta}_0^* + \hat{\beta}_1^* x_1 + \hat{\beta}_2^* x_2 + \cdots + \hat{\beta}_{j-1}^* x_{j-1} + \hat{\beta}_{j+1}^* x_{j+1} + \cdots + \hat{\beta}_p^* x_p, \qquad (1.21)$$

一般地, $\hat{\beta}_k \neq \hat{\beta}_k^*$, 但两者有如下的关系:

$$\hat{\beta}_k^* = \hat{\beta}_k - \frac{c_{jk}}{c_{jj}} \hat{\beta}_j, \quad k \neq j, \quad k = 0, 1, \cdots, p. \qquad (1.22)$$

需要注意的是, 在剔除自变量时, 考虑到自变量之间的交互作用对 Y 的影响, 每次只能剔除一个自变量, 如果有多个自变量都没有通过显著性检验, 则最先剔除对应 T_j 值最小的那个变量. 利用 (1.22) 式建立新的回归方程 (1.21), 继续进行显著性检验, 重复这个过程, 直至保留下的自变量对 Y 都是有显著的作用为止. R 软件中的 lm 和 summary 函数可以得到线性模型的参数估计和显著性检验结果. nnls 包中的 nnls 函数提供了非负约束的最小二乘估计.

1.1.5　不符合回归模型假设的两种情况

在模型 (1.3) 中我们假定随机误差 $\varepsilon_1, \varepsilon_2, \cdots, \varepsilon_n$ 之间是不相关、等方差的, 如图 1.1(a) 中所示. 但在实际应用中, 经常存在不符合该假设的情况, 一种是 $\varepsilon_1, \varepsilon_2, \cdots, \varepsilon_n$ 之间方差不相等, 即 $\mathrm{Var}(\varepsilon_i) \neq \mathrm{Var}(\varepsilon_j), i \neq j$. 如研究居民收入和

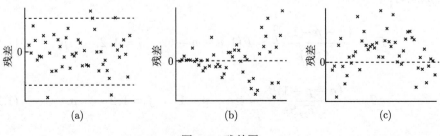

图 1.1　残差图

消费水平之间的关系时, 由于每个人消费观念、收入水平等不同, 通常存在明显的异方差性, 图 1.1(b) 中显示了误差方差逐渐增大, 反之也可以逐渐减小或更复杂的变化情况. 另一种就是随机误差 $\varepsilon_1, \varepsilon_2, \cdots, \varepsilon_n$ 之间存在自相关性. 例如, 物价指数、国民收入等经济变量存在滞后性, 会导致自相关性, 类似于图 1.1(c) 所示, 这表明回归函数可能是非线性的, 或误差之间存在一定的相关性, 还可能漏掉了一个甚至多个重要自变量.

1. 异方差与自相关性的危害

当随机误差 ε 存在异方差性时, 最小二乘估计存在问题: 参数估计虽然是无偏的, 但不是最小方差线性无偏估计; 参数的显著性检验失效; 回归方程的应用效果不理想.

当随机误差 ε 存在序列相关时, 最小二乘估计存在问题: 参数估计不再具有最小方差线性无偏性; 均方误差 (MSE) 可能严重低估随机误差的方差; 容易使 t 值评价过高, 常用的 F 检验和 t 检验失效; 参数估计虽然是无偏的, 但在任意特定样本中, $\hat{\beta}$ 可能严重歪曲 β 的真实情况, 即最小二乘估计量对抽样波动十分敏感; 如果不加处理地运用最小二乘法估计参数, 那么用此模型进行预测和结构分析将会带来较大的方差甚至错误的解释.

2. 异方差与自相关性的检验

当回归模型适合样本数据时, 那么此时残差 e 就反映了随机误差 ε 所具有的性质, 因此可以通过分析残差来判断随机误差 ε 的某些性质, 绘制残差图是一个很直观的判断方法. 本节从实际应用的角度给出了 R 软件对异方差与自相关性的检验函数. car 包提供了大量函数, 具体函数功能如表 1.1 所示.

表 1.1 car 包函数表

函数	目的
qqPlot()	分位数比较图 (学生化残差正态性检验)
durbinWatsonTest()	对误差自相关性作 Durbin-Watson 检验
crPlots()	成分与残差图 (判断因变量与自变量是否存在非线性关系)
ncvTest()	对异方差作得分检验
spreadLevelPlot()	分散水平检验 (对因变量进行 m 次幂变换可以消除异方差, 若 $m = 0$ 表示建议作对数变换)
outlierTest()	Bonferroni 离群点检验
influencePlot()	回归影响图
scatterplot()	增强的散点图
vif()	方差膨胀因子 (多重共线性检验)

此外 shapiro.test 函数也提供了残差的正态性检验, gvlma 包中的 gvlma 函数还提供了对线性模型假设的综合检验, 包括偏度、峰度等的评价.

3. 异方差与自相关性的解决方法

对于异方差性的解决办法, 通常我们采用加权最小二乘法和博克斯-考克斯 (Box-Cox) 变换等方法消除异方差性. 加权最小二乘法的困难之处往往在于权是未知的, 对于多元线性回归模型的权函数 $W = \mathrm{diag}\{w_1, w_2, \cdots, w_n\}$ 通常取某个自变量 $x_j, j = 1, 2, \cdots, p$ 的幂函数, 即 $W = \mathrm{diag}\{x_{1j}^m, x_{2j}^m, \cdots, x_{nj}^m\}$. 具体选择哪个自变量, 即分别计算每个自变量 x_j 与普通残差的绝对值的等级相关系数, 选择等级相关系数最大的自变量构造权函数. R 语言中可以直接采用 cor.test 函数对自变量 x_j 与残差的绝对值 $|e|$ 选择 Spearman 检验. 因此得到的加权最小二乘估计的矩阵表达式为

$$\hat{\beta} = (X'WX)^{-1}X'WY. \tag{1.23}$$

对于自相关性的解决办法, 当排除回归模型选用不当和缺少重要自变量导致的自相关性时, 通常我们采用迭代法、差分法和 Box-Cox 变换等方法消除自相关性. 由于篇幅限制, 本节只介绍 Box-Cox 变换, 迭代法和差分法可参考相关资料.

4. Box-Cox 变换

博克斯 (Box) 和考克斯 (Cox) 提出了应用十分广泛的 Box-Cox 变换, 即对因变量 y 作如下的变换:

$$y^{(m)} = \begin{cases} \dfrac{y^m - 1}{m}, & m \neq 0, \\ \ln(y), & m = 0, \end{cases} \tag{1.24}$$

其中 m 是待定参数, 此变换要求 y 的各分量都大于 0, 否则可以采用下面推广的 Box-Cox 变换:

$$y^{(m)} = \begin{cases} \dfrac{(y+a)^m - 1}{m}, & m \neq 0, \\ \ln(y+a), & m = 0. \end{cases} \tag{1.25}$$

即对 y 作平移, 使得 $y + a$ 的各个分量都大于 0 后再作 Box-Cox 变换.

通过寻找合适的 m 使得 Box-Cox 变换后满足

$$y^{(m)} = (y_1^{(m)}, y_2^{(m)}, \cdots, y_n^{(m)})' \sim N(X\beta, \sigma^2 I_n). \tag{1.26}$$

从而满足线性模型的假设条件. Box-Cox 变换不仅能解决异方差性和自相关性, 还能解决误差非正态和回归函数非线性等情况. R 软件的 MASS 包中的 boxcox 函数可以作 Box-Cox 变换, 通过给一系列的 m 值得到对应的对数极大似然值, 选择最大的对数极大似然值对应的参数作为 m 的估计.

1.2 回 归 诊 断

1.2.1 强影响点

回归分析中, 我们希望每个样本对未知参数的估计或其他推断是有一定影响的, 但影响不要过大, 这样我们所得到的估计就具有一定的稳定性. 否则如果个别数据是强影响点, 在去掉它们之后, 我们所得到的估计或经验回归模型与原来相比变化很大, 那么原来建立的经验回归模型就不会有说服力, 或让人产生"不信任感", 怀疑它是否真正刻画了因变量与自变量之间的相互关系. 这时需要对强影响点做进一步分析, 不能一概认为含强影响点的回归分析结果是不可取的. 如果对获得数据的全过程做了检查之后, 认为强影响点产生于试验或记录中的失误, 那么这种数据应该更正或删除. 不然的话, 应该考虑收集更多的数据, 或采用稳健估计 (又称 M 估计), 如分位数回归等. M 估计缩小了强影响点对估计或其他推断的影响, 能得到更稳定的估计和经验回归模型.

由性质 1.2 知, 当 $\varepsilon \sim N(0, \sigma^2 I_n)$ 时, $e \sim N(0, \sigma^2(I_n - H))$. 由于帽子矩阵 H 的对角元 h_{ii} 与强影响点、高杠杆点等有关, 这里先介绍它的性质.

定理 1.1 (1) 当 $0 \leqslant h_{ii} \leqslant 1$ 且 $h_{ii} = 1$ 时, $h_{ij} = 0, i \neq j$;

(2) $\displaystyle\sum_{i=1}^{n} h_{ii} = p + 1$;

(3) $h_{ii} = \dfrac{1}{n} + (x_i - \overline{x})'(\widetilde{X}'\widetilde{X})^{-1}(x_i - \overline{x})$, 其中 $X = (1, X_0) = \begin{pmatrix} 1 & 1 & \cdots & 1 \\ x_1 & x_2 & \cdots & x_n \end{pmatrix}'$,

$\widetilde{X} = ((x_1 - \overline{x})', (x_2 - \overline{x})', \cdots, (x_p - \overline{x})')', \overline{x} = \dfrac{1}{n}\displaystyle\sum_{i=1}^{n} x_i$.

证明留作习题.

从最后的结果可以看出 h_{ii} 是对第 i 个样本 x_i 与样本中心点 $\overline{x}$ 的远离程度的度量, 这个距离就是马氏距离. 因为 $\mathrm{Var}(e_i) = \sigma^2(1 - h_{ii})$, 所以 h_{ii} 越大, $\mathrm{Var}(e_i)$ 越小. 特别地, 当 $h_{ii} = 1$ 时, 从 $\mathrm{Var}(e_i) = 0$ 和 $E(e_i) = 0$ 可知 $e_i = 0$(此事实以概率为 1 成立, 如果将概率为 0 的集合不予考虑, 就认为 $e_i = 0$), 即 $Y_i = \hat{Y}_i$. 当 h_{ii} 越接近 1 时, 从几何上看, 这个结论就是, 在自变量空间 $\mathbf{R}^p$ 中 x_i 远离试验中

心 $\bar{x}$, 则在空间 $\mathbf{R}^{p+1}$ 中, 点 (x_i', y_i) 就把回归直线拉向它自己. 通常称这种点为高杠杆点 (high leverage case).

究竟 h_{ii} 多大时, 可认定对应的点为高杠杆点呢? 一般很难给出一个处处适用的标准, 有一种做法是, 将 $x_1, x_2, \cdots, x_n$ 看作服从正态分布的简单随机样本, 则可以证明

$$F = \frac{n-p-1}{p} \frac{h_{ii} - n^{-1}}{1 - h_{ii}} \sim F(p, n-p-1), \tag{1.27}$$

注意到 F 是 h_{ii} 的单调递增函数, 所以 h_{ii} 很大等价于 F 很大. 如果从某个 h_{ii} 算出 $F \geqslant F_{0.95}(p, n-p-1)$ 或 $F \geqslant F_{0.9}(p, n-p-1)$ 就认为 h_{ii} 很大, 对应的点 (x_i', y_i) 就判断为高杠杆点.

1.2.2 异常点

根据异常点的具体数据表现, 我们大致可以把它分为: ① 观测值 Y 异常; ② 自变量 X 异常; ③ 观测值 Y 和自变量 X 均异常. 异常点出现的原因主要有两方面: 一是由测量方法、设备变动或记录错误等外部因素引起; 二是由系统本身的运动变化产生. 对于前者, 可以完全将其删除, 而不会对回归产生影响; 而对于后者, 需要慎重对待, 因为很可能正是在这些异常点中暗含着一些关于研究问题的重要信息, 如预示着模型未来变动趋势或解释变量所处的新环境, 不可轻易剔除.

残差的重要作用就是根据它的绝对值大小判定异常点. 但是对于普通残差 $e_i, \mathrm{Var}(e_i) = \sigma^2(1 - h_{ii})$, 这个方差与因变量的度量单位以及 h_{ii} 有关, 因此在判定异常点时, 直接比较普通残差 e_i 是不适宜的. 为此将它们标准化, 得到

$$\frac{e_i}{\sigma\sqrt{1 - h_{ii}}}, \quad i = 1, 2, \cdots, n,$$

但其中的 σ 是未知的, 用估计 $\hat{\sigma} = e'e/(n-p-1)$, 获得

$$r_i = \frac{e_i}{\hat{\sigma}\sqrt{1 - h_{ii}}}, \quad i = 1, 2, \cdots, n, \tag{1.28}$$

称为标准化 (内学生化) 残差.

这里需要注意的是, 在误差 ε 的正态假设 $\varepsilon_i \sim N(0, \sigma^2)$ 条件下, 虽然 $e \sim N(0, \sigma^2(I_n - H)), \hat{\sigma}^2 \sim \chi^2(n-p-1)$, 但两者并不独立, 所以 r_i 并不服从通常的 $t(n-p-1)$ 分布. 诸 r_i 彼此也不独立. 它的统计性质远比普通残差要复杂, 艾伦伯格 (Ellenberg) 在 $\varepsilon_i \sim N(0, \sigma^2)$ 条件下, 导出了 $r_1, r_2, \cdots, r_n$ 中任意 k 个的联合分布.

特别是 $r_i^2/(n-p-1)$ 服从参数为 $1/2$ 和 $(n-p-1)/2$ 的贝塔分布. 于是 $E(r_i)=0, \mathrm{Var}(r_i)=1,$

$$\mathrm{cov}(r_i, r_j) = -h_{ii}\Big/\sqrt{(1-h_{ii})(1-h_{jj})}, \quad i \neq j. \tag{1.29}$$

这个事实很重要, 在应用中常常把 $r_1, r_2, \cdots, r_n$ 近似看作来自 $N(0,1)$ 的简单随机样本, 然后用残差图作诊断.

另一种 (外) 学生化残差定义为

$$r_i^* = \frac{e_i}{\hat{\sigma}(i)\sqrt{1-h_{ii}}}, \quad i = 1, 2, \cdots, n, \tag{1.30}$$

其中 $\hat{\sigma}^2(i) = Y_{(i)}'(I - X_{(i)}(X_{(i)}'X_{(i)})^{-1}X_{(i)}')Y_{(i)}/(n-p-2)$ 表示剔除第 i 个样本后的误差估计. 一些学者研究了 r_i^* 的分布, 指出在许多应用场合, r_i^* 近似服从 $t(n-p-2)$ 分布. 在计算 r_i^* 时, 我们并不需要计算每一个 $\hat{\sigma}^2(i)$, 下面给出了计算 $\hat{\sigma}^2(i)$ 的一个简便方法

$$\hat{\sigma}^2(i) = \frac{n-p-1-r_i^2}{n-p-2}\hat{\sigma}^2, \quad i = 1, 2, \cdots, n. \tag{1.31}$$

r_i^* 比 r_i 优越之处是: ① 在误差 $\varepsilon \sim N(0, \sigma^2 I_n)$ 条件下 ,$\hat{\sigma}^2(i)$ 与 e_i 相互独立, 于是有 r_i^* 服从自由度为 $n-p-2$ 的 t 分布; ② 如果目的是检查异常值, 那么 r_i^* 比 r_i 更为有效.

而关于异常点的检验, 本书主要介绍以下几种方法.

(1) 库克 (Cook) 距离: 这是由 Cook 和 Weisberg (1980) 提出的, 目前应用最广泛.

$$D_i(M, c) = \frac{(\hat{\beta}(i) - \hat{\beta})'M(\hat{\beta}(i) - \hat{\beta})}{c}, \tag{1.32}$$

其中 $\hat{\beta}(i) = \hat{\beta} - \dfrac{e_i}{1-h_{ii}}(X'X)^{-1}x_i$ 表示剔除第 i 个样本后的参数估计, M 是给定的正定矩阵, c 是给定常数, 当 $D_i(M, c)$ 较大时, 判定 (x_i', y_i) 为异常点.

(2) WK 距离: 这是由 Welsch 和 Kuh 在 1979 年提出的, 定义为

$$\mathrm{DFFITS}_i = \frac{\hat{y}_i - \hat{y}_i(i)}{\hat{\sigma}(i)\sqrt{h_{ii}}}, \tag{1.33}$$

其中 $\hat{y}_i = x_i'\hat{\beta}, \hat{y}_i(i) = x_i'\hat{\beta}(i)$. Belsley 等 (1980) 建议当 $|\mathrm{DFFITS}_i| > 2\sqrt{(p+1)/n}$ 时就判定 (x_i', y_i) 为异常点.

(3) 平均拟合度量: 这是由杨虎 (1991) 提出的, 定义为

$$MF_t(i) = \left[\frac{1}{n} \sum_{i=1}^{n} \left| \frac{\hat{y}_j - \hat{y}_j(i)}{\hat{\sigma}(i)\sqrt{h_{ii}}} \right|^t \right]^{\frac{1}{t}}, \tag{1.34}$$

当 $t = 1$ 时, $MF_1(i)$ 称为绝对平均拟合度量 (1989 年由杨虎提出); 当 $t = 2$ 时, $MF_2(i)$ 和 Cook 距离仅差一个常数, 但比 Cook 距离的定义更合理, 它受样本容量 n 的影响较小; 当 $t \to \infty$ 时, $MF_\infty(i)$ 称为极限平均拟合量, 它和 WK 距离仅差一个常数.

(4) 协方差比 (CovRatio) 准则

$$\text{CovRatio} = \frac{\det(\text{Var}(\hat{\beta}(i)))}{\det(\text{Var}(\hat{\beta}))} = \frac{1}{1 - h_{ii}} \left(\frac{\hat{\sigma}^2(i)}{\hat{\sigma}^2} \right)^{p+1}, \tag{1.35}$$

如果有一个样本的协方差比值离开 1 较远, 则相应的样本具有强影响.

下面的表 1.2 是关于本节涉及的 R 软件中常用的函数.

表 1.2   常用诊断函数表

函数	目的
rstandard()	计算标准化残差
rstudent()	计算学生化残差
hatvalues()	计算杠杆值
dffits()	计算 WK 距离
cooks.distance()	计算 Cook 距离
covratio()	采用协方差比准则
rq(formula, tau, weights)	分位数回归 (稳健估计, 需加载 quantreg 包)

注: 表内前 6 个函数括号内都是一个线性回归模型 lm() 或广义线性回归 glm() 的输出对象

1.2.3   多重共线性

为了更清晰地描述最小二乘估计的性质, 将模型 (1.4) 进一步简化成如下典则形式:

$$Y = XQQ'\beta + \varepsilon = Z\alpha + \varepsilon, \tag{1.36}$$

其中矩阵 Q 是正交阵, 且 $Q'X'XQ = \text{diag}\{\lambda_1, \lambda_2, \cdots, \lambda_p\}$, 这里 $\lambda_j, j = 1, 2, \cdots, p$ 是 $X'X$ 的特征值. 那么, 对 β 的 LS 估计 $\hat{\beta}$ 的均方误差 (mean square error, MSE) 有

$$E \left\| \hat{\beta} - \beta \right\|^2 = E \left\| Q' \left(\hat{\beta} - \beta \right) \right\|^2 = E \left\| \hat{\alpha} - \alpha \right\|^2 = \sum_{j=1}^{p} \frac{1}{\lambda_j}.$$

这表明, 当自变量 X 的多重共线性很强时 $X'X$ 奇异导致 $X'X$ 至少有一个特征值为零 (很小), 则最小二乘估计量的 MSE 将是无穷大 (趋于无穷).

针对多重共线性的检验通常采用方差扩大因子法、特征根分析和条件数等方法, 在 R 软件中具体使用的函数见表 1.3.

表 1.3 多重共线性检验函数

函数	目的
vif()	car 包中的函数, 采用方差扩大因子法
eigen()	计算矩阵特征值和特征向量
kappa()	计算矩阵的条件数

1.3 有 偏 估 计

针对多重共线性问题可以采用: ① 剔除不重要的自变量; ② 增大样本容量; ③ 采用有偏估计. 实际问题中, 由于人力、物力等各方面因素, 增大样本容量是困难的, 关于不重要的变量也没有一种明确的普适标准, 因此本节主要介绍几种经典的有偏估计方法, 即考虑牺牲估计量的无偏性寻求有偏估计方法来改进最小二乘估计.

1.3.1 Stein 估计

Stein 在 1955 年给出了 Stein 估计量 (又称为均匀压缩估计) 的定义, 它定义成

$$\hat{\beta}^{\text{Stein}} = c\hat{\beta}, \quad 0 \leqslant c \leqslant 1. \tag{1.37}$$

由于 $0 < c < 1$, Stein 估计可以看成 LS 估计的一个压缩估计. 下面, 我们看看这个看似极其微小的改动所产生的巨大不同.

定理 1.2 (Stein-James 定理) 如果取

$$c = \left(1 - \frac{d\hat{\sigma}^2}{\hat{\beta}' X' X \hat{\beta}} \right),$$

其中 d 满足

$$0 < d < \frac{2(n-p-1)}{n-p+1} \left(\lambda_p \sum_{j=1}^{p} \lambda_j^{-1} - 2 \right).$$

第 1 章 回归分析

· 16 ·

这里 $\lambda_1 \geqslant \lambda_2 \geqslant \cdots \geqslant \lambda_p$ 为 $X'X$ 的特征值. 则对一切的 β 和 σ^2, Stein 估计在 MSE 意义下一致地优于 LS 估计. Stein 估计量的意义重大, 它从理论上颠覆了最小二乘在人们心中根深蒂固的优越性, 并且也成为有偏估计研究的里程碑.

不过, 这样的 c 在实际问题中很难选取, 下面是选择方法之一:

$$
c = \begin{cases} 0.5 + \sqrt{0.25 - \hat{\tau}}, & \hat{\tau} \leqslant 0.25, \\ 0, & \hat{\tau} > 0.25, \end{cases}
$$

其中 $\hat{\tau} = \dfrac{\hat{\sigma}^2}{\left\|\hat{\beta}\right\|^2} \sum\limits_{j=1}^{p} \lambda_j^{-1}$.

1.3.2 岭估计

由于 Stein 估计量的压缩系数 c 很难选取, 并且均匀压缩估计过于简单, 故而实际应用中很少被采用. Hoerl 和 Kennard (1970) 提出岭估计 (ridge estimation), 其定义如下:

$$
\hat{\beta}^{\text{ridge}} = (X'X + kI)^{-1} X'Y, \quad k > 0. \tag{1.38}
$$

可以证明岭估计也是一个有偏估计, 其中 k 是岭参数, 它控制着偏移 (压缩) 的程度.

与 LS 估计相比, 岭估计将 $X'X$ 换成 $X'X + kI$, 因此当 X 存在严重的多重共线性时, $X'X$ 的特征值至少有一个非常接近于 0, 但 $X'X + kI$ 特征值至少有一个会非常接近于 k 而不是 0, 这便解决了设计阵奇异的根源问题.

事实上, 我们利用前述的线性模型的典则形式 $Y = XQQ'\beta + \varepsilon = Z\alpha + \varepsilon$, 那么岭估计量的 MSE 可以写成

$$
E\left\|\hat{\beta}^{\text{ridge}} - \beta\right\|^2 = E\left\|Q'\left(\hat{\beta}^{\text{ridge}} - \beta\right)\right\|^2
$$

$$
= k^2 \sum_{j=1}^{p} \frac{\alpha_j^2}{(\lambda_j + k)^2} + \sigma^2 \sum_{j=1}^{p} \frac{\lambda_j}{(\lambda_j + k)^2}.
$$

可以证明, 存在适当的 k 使得岭估计量的 MSE 比最小二乘的 MSE 要小, 在此不赘述.

1.3.3 Liu 估计

Stein 估计和岭估计都是解决设计阵存在多重共线性时参数估计的有效方法, 但两者各有优、缺点. 对于 Stein 估计: 优点在于它是压缩系数 c 的线性函数, 关

系较为简单; 缺点为对最小二乘估计 $\hat{\beta}$ 的所有分量压缩程度一样, 不合理. 对于岭估计: 优点在于实际中处理多重共线性问题效果显著; 缺点为和 k 的函数关系复杂, 不容易选择.

因此, Liu (1993) 结合岭估计和 Stein 估计, 提出了 Liu 估计. 它既有岭估计的良好表现, 又有 Stein 估计的简单. 具体定义如下:

$$\hat{\beta}^{\text{Liu}} = (X'X + I)^{-1}(X'Y + d\hat{\beta}), \quad 0 \leqslant d \leqslant 1. \tag{1.39}$$

可以看出: 当 $d = 0$ 时, $\hat{\beta}^{\text{Liu}}$ 是参数为 1 的岭估计; 当 $d = 1$ 时, $\hat{\beta}^{\text{Liu}}$ 是 LS 估计; 当 $0 < d < 1$ 时, (1.39) 式可以改写为 $\hat{\beta}^{\text{Liu}} = (X'X + I)^{-1}(X'X + dI)\hat{\beta}$, 可知 $\hat{\beta}^{\text{Liu}}$ 是一个有偏估计.

1.3.4 主成分估计

主成分估计 (principal component estimate) 是 Massy 于 1965 年提出的, 该方法考虑将原来的回归自变量变换到另一组变量, 即主成分, 选择其中一部分重要的主成分作为新的自变量 (此时丢弃了一部分影响不大的自变量, 这实际上达到了降维的目的), 然后再使用最小二乘法对选取主成分后的模型参数进行估计, 最后再变换为原来的模型求出参数的估计.

根据 (1.36) 式知 $Y = XQQ'\beta + \varepsilon = Z\alpha + \varepsilon$, 其中 Z 的列向量是 X 对应列的主成分, 矩阵 Q 是正交阵, 且 $Q'X'XQ = \text{diag}\{\lambda_1, \lambda_2, \cdots, \lambda_p\}$, 这里设 $\lambda_1 \geqslant \lambda_2 \geqslant \cdots \geqslant \lambda_p$, 是 $X'X$ 的特征值. 如果 $\lambda_{r+1} = \lambda_{r+2} = \cdots = \lambda_p \approx 0$, 则剔除 Z 中第 $r+1, r+2, \cdots, p$ 列. 只剩下 α 的前 r 个分量 $\alpha_1, \alpha_2, \cdots, \alpha_r$, 设它的 LS 估计为 $\hat{\alpha}_1, \hat{\alpha}_2, \cdots, \hat{\alpha}_r$, 而 α 的后 $p-r$ 个分量以 0 作为它们的估计, 记为 $\tilde{\alpha}$. 根据关系式 $\beta = Q\alpha$, 则可以得到 β 的估计为 $\tilde{\beta} = Q\tilde{\alpha}$, 称为 β 的主成分估计.

定义 1.1 (杨虎, 1989) 若存在 $1 \leqslant r \leqslant p$, 使 $\lambda_r \geqslant 1 > \lambda_{r+1}$, 记

$$A = \text{diag}\left\{\frac{\lambda_1 - 1 + \theta}{\lambda_1}, \cdots, \frac{\lambda_r - 1 + \theta}{\lambda_r}, \theta\lambda_{r+1}, \cdots, \theta\lambda_p\right\},$$

这里 $\theta \in (\lambda_p, 1]$ 为平稳参数, 我们称 $\tilde{\beta} = QAQ'\hat{\beta}$ 为单参数主成分估计. 可证明 (留作习题), 单参数主成分估计是普通主成分估计的线性组合.

关于 Stein 估计、Liu 估计的参数选取可以采用交叉验证选取. 在 R 软件中 MASS 包中的 lm.ridge 函数可以求解岭估计, 可以结合 plot 函数绘制岭迹图来确定岭参数, 还可以采用 select 函数提供的 HKB(Hoerl-Kennard-Baldwin) 准则、L-W(Lawless-Wang) 准则或 GCV 准则确定岭参数. 具体使用方法见表 1.4.

表 1.4 岭回归函数表

lm.ridge(formula, data, lambda)	
formula	与 lm 函数用法一样
data	数据集
lambda	岭参数 (可以为一个向量)

1.3.5 正回归

众所周知, 股市指数与成分股的关系是严格非零正相关的, 我们采用普通回归, 系数出现负值虽然真实地反映了一段时间内, 指数与部分成分股的实际相关关系, 但毕竟这种负相关是表面现象, 掩盖了实际的因果关系, 用这样的指数模型去跟踪实际的指数走势短期问题不大, 但符号问题是本质的隐患, 随着时间的推移, 甚至会走出完全相反的走势. 这是因为指数公式中, 每只成分股对指数的贡献都是正的, 也就是说它们都有正的权重. 这时需要考虑带正系数约束的最小二乘问题, 在一定的周期内, 传统的回归方法很难从数据中洞察变量间的实质相依关系.

可以通过 R 数据包 nnls 提供非负系数的计算结果, 对其中为零的系数, 通过修改模型, 建立最小硬阈值的方法, 利用 nnls 算法可以得到需要的正回归结果, 但在零较多的情况下, 硬阈值法会产生很多相同的阈值系数, 这显然也是不合理的, 实际中可以通过非负 LASSO (least absolute shrinkage and selection operator) 乘积迭代算法编制 R 程序, 从而计算出所有正最小二乘回归系数.

1.4 回归分析实例

2015 年 2 月 9 日, 上证 50ETF 期权正式上市, 标志着期权时代的到来, 上证 50 是上海股票期权的标的指数. 根据指数的编制方法, 容易知道上证 50 指数是 50 只成分股股价的加权平均, 权重是与成分股的股本有关的, 即上证 50 指数就是各只成分股的线性函数, 因此可以考虑上证 50 指数与成分股建立多元线性回归模型. 股票指数的追踪问题的研究受到广泛的关注, 一方面可以通过指数变化进而调整期货市场战略, 另一方面我们可以类似研究股票指数的追踪, 从而去研究汇率跟踪问题, 即一篮子货币分析, 因为在实际中我们并不知道各个国家的汇率指数的成分有哪些, 但通过指数跟踪的方法可以去分析各个国家的篮子里有哪些货币, 这对实际货币政策的调整具有重要意义.

1.4.1 数据的收集与预处理

由于上证 50 指数的成分股会适时调整, 会有一些成分股被剔除, 同时增加新的成分股, 因此数据的搜集时段不能超过半年, 以尽可能避免中途更换变量的问题, 详细调整时间可以在上海证券交易所 (http://www.sse.com.cn/) 查询. 本次案例采用上证 50 指数成分股未变动的一个周期, 即为 2020 年 6 月 15 日至 2020 年 12 月 13 日共 123 个交易日的指数收盘价及其成分股的收盘价. 数据来源: 基于 R 软件的 pedquant 包中的 md_stock 函数进行盘后数据的在线获取, 其中本次案例数据的前 70% 作为模型的训练集, 后 30% 作为模型的测试集.

1.4.2 建立多元线性回归模型

采用 R 软件的 lm 函数是容易得到回归模型的显式表达的, 拟合与预测见图 1.2. 通过 summary 函数可以看出拟合优度近似为 1, 这表明模型拟合效果非常好. 在显著水平为 0.05 的情况下 (下同), 回归模型通过显著性检验 (p 值小于 2^{-16}), 发现仅有红塔证券的回归系数为 -0.0208 且未通过显著性检验, 这表明我们需要对模型的假设进行相关的检验, 在前面的讨论中我们知道当有些模型假设不满足时, 此时的回归系数检验是不可靠的.

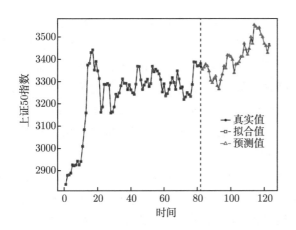

图 1.2 模型拟合预测图 (彩图请扫二维码)

1.4.3 模型的检验

首先我们采用介绍的 crPlots 函数通过图像判断因变量与自变量是否存在非线性关系, 图像结果可以大致判断出因变量与自变量之间确实为线性关系, 这与选取的股票数据背景是相一致的, 因此建立多元线性回归模型是合理的.

其次我们需要对模型的残差进行正态性检验, 这是因为回归系数等检验问题均是建立在随机误差服从正态分布的条件下. 这里我们结合 QQ 图、密度曲线 (图 1.3) 和 Shapiro-Wilk 检验 (p 值为 0.8341) 残差的正态性. 结果均表明不能拒绝原假设, 即认为残差来自正态总体.

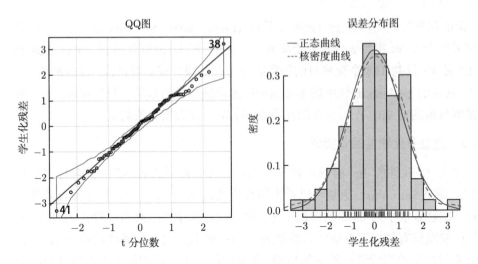

图 1.3　残差正态性检验

　　进一步我们还需要检查残差序列是否存在异方差和自相关性. 采用介绍的
ncvTest 函数检验结果, 表明模型不存在异方差 (p 值为 0.6438), 需要注意的是,
本例中如果存在异方差时, 不建议采用 spreadLevelPlot 分散水平检验对因变量作
幂变换或采用 Box-Cox 变换消除异方差, 因为变换后的模型因变量和自变量将不
再是线性关系, 这不符合股票指数与成分股之间的函数关系, 可以采用加权最小
二乘法消除异方差. 基于 bootstrap 抽样方法下的 DW 检验结果表明不能拒绝原
假设 (p 值为 0.086), 即建立的模型不存在自相关性.

　　下一步我们需要分析是否存在异常观测导致回归系数的估计和检验不可靠.
通过 Bonferroni 离群点检验发现没有离群点, 这从 QQ 图也可以大致判断出虽然
第 38 和 41 个样本距离直线最远, 但都落在置信区间内. 采用 (1.27) 式的高杠杆
点判断方法, 发现第 1, 7, 9, 10, 11, 14, 15, 17, 18, 19, 20, 21, 25, 26, 27, 37, 39
和 51 个样本点为高杠杆点. 分别计算标准化残差和学生化残差绝对值及其 2 倍
标准差和 3 倍标准差, 见图 1.4. 由此可以初步判断第 16, 18, 38, 41 和 76 个样本
为异常点.

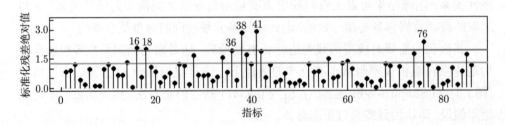

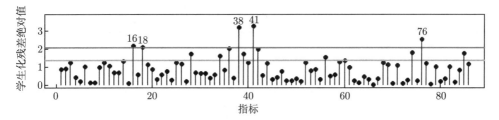

图 1.4 绝对值残差图

另一方面, 我们还可以考虑基于距离的方法检验异常值时, 计算 WK 距离、Cook 距离、CovRatio 准则以及平均拟合度量 ($t = 2$, 下同) 值, 结果见图 1.5. 根据图 1.5 显示, 采用 WK 距离判断的异常点十分多, 这说明模型混合了两种甚至更多种不同类型的数据. 表 1.5 给出了基于学生化残差、Cook 距离、CovRatio 准则和平均拟合度量准则删除异常点后的内预测 (训练集的预测值) 与外预测 (测试集的预测值), 评价指标为平均绝对预测误差, 即

$$\text{MAPE} = \frac{1}{n}\sum_{i=1}^{n}|y_i - \hat{y}_i|. \tag{1.40}$$

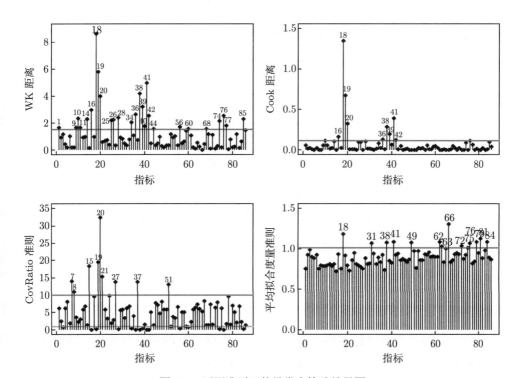

图 1.5 不同准则下的异常点检验结果图

表 1.5   不同方法下的内预测与外预测的 MAPE 值

方法	内预测误差	外预测误差	方法	内预测误差	外预测误差
普通最小二乘	0.0432	0.6038	Stein 估计	0.3246	0.3987
学生化残差	0.0268	0.5913	岭估计	0.0432	0.6002
Cook 距离	0.0322	0.4682	Liu 估计	0.0432	0.6038
CovRatio 准则	0.0430	0.5010	主成分估计	1.3920	43.0403
平均拟合度量准则	0.0233	0.4521	单参数主成分估计	0.8299	26.5210
分位数估计	0.0405	0.4067	非负估计	0.0435	0.5820

表 1.5 结果显示, 基于不同方法删除异常值后, 无论内预测还是外预测效果都有所提高, 其中采用平均拟合度量方法删除异常值后的效果要比采用学生化残差、Cook 距离、CovRatio 准则更好. 同样地, 我们也可以采用分位数估计克服异常点的影响, 这里取 $\tau = 0.3$, 发现其外预测效果比平均拟合度量方法更好. 详细结果见表 1.5. 但无论哪种剔除异常值方法都不能解决红塔证券回归系数不显著的问题, 此时可以考虑增加样本量, 为保证成分股不发生改变, 可以收集 5 分钟、60 分钟 K 线收盘价等. 此外, 我们还可以采用 influencePlot 函数将杠杆值、离群点和强影响点的信息综合在同一张图上, 见图 1.6. 纵坐标超过 +2 或小于 −2 的可被认为是离群点, 水平轴超过 0.2 或 0.3 的点有高杠杆值, 圆圈大小与影响成比例, 圆圈越大对模型参数的估计造成的影响越大.

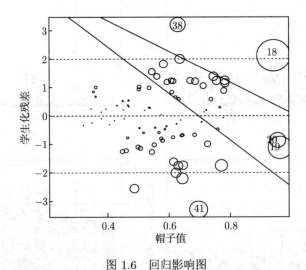

图 1.6   回归影响图

最后我们还需要进行多重共线性检查, 以确保建立的模型有意义. 通过检验发现普通最小二乘法存在多重共线性, 且 $X'X$ 矩阵最大特征值为 2.5095×10^{8}, 最小特征值为 2.9077×10^{-3}. 为了克服多重共线性, 我们可以采用 Stein 估计、岭估计、Liu 估计、主成分估计和单参数主成分估计, 结果见表 1.5.

根据定理 1.2 可知, d 的最大取值为 0.6924, 而上证 50 指数的预测值都为 3000 以上, 这导致无论 d 取何值, c 都无限接近于 1, 这里取 $c = 0.9999$ 来看看效果, 可以发现内预测效果很差, 但外预测效果提高了. 岭参数的选取可以依据岭迹图, 见图 1.7.

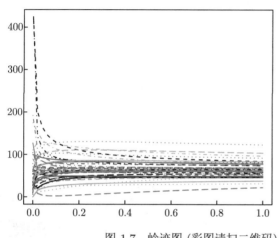

图 1.7 岭迹图 (彩图请扫二维码)

本例中采用的是 HKB 准则选取的参数 $k = 5.91 \times 10^{-7}$(LW 准则建议 $k = 3.12 \times 10^{-8}$, GCV 建议选择 $k = 0$), 在不删除样本信息的情况下, 外预测效果优于普通最小二乘估计. 而采用 10 折交叉验证选取 Liu 估计的参数为 1, 此时等价于普通最小二乘估计. 当采用主成分估计时, 保留 $X'X$ 矩阵特征值大于 1 的主成分, 虽然此时累积贡献率为 99.60%(剔除了 20 个主成分), 但内预测和外预测效果都很差. 而基于 10 折交叉验证选取平稳参数 $\theta = 0.9929$ 的单参数主成分估计效果明显优于主成分估计, 这是因为主成分估计丢失了一部分信息, 而单参数主成分估计是所有的主成分的线性组合. 根据表 1.5 的结果来看, 无论是主成分估计还是单参数主成分估计, 其内预测和外预测效果都十分差. 本例中虽然采用条件数和方差扩大因子检验存在多重共线性, 但是 $X'X$ 矩阵最小特征值为 0.0029, 这个值不是十分小, 基本可以认为不存在多重共线性, 这也是其他有偏估计最终为什么都近似或等于普通最小二乘估计.

1.4.4 正回归

根据指数的编制方法, 回归系数出现负值虽然真实地反映了一段时间内, 指数和部分成分股之间的实际相关关系, 但这种负相关是不对的, 因为指数公式中每只成分股对指数的贡献都是正的. 由于本例中红塔证券的系数为负, 因此我们需要考虑带正系数约束的最小二乘问题, 当然也可以考虑增大样本量解决该问题. 这里我们采用 nnls 函数可以得到非负系数约束的最小二乘估计, 本例中得到的估计系数皆为正数, 没有成分股的系数为 0, 符合实际数据背景, 拟合预测效果见图 1.8. 需要注意的是, nnls 函数得到的是非负估计, 如果出现零系数, 可以采用限定最低门限, 参考指数编制方法, 用成分股的最小市值除以成分股的总市值, 以此为阈值代替 0. 根据表 1.5, 正回归模型的外预测效果较普通最小二乘法有所提高.

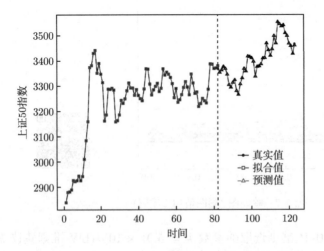

图 1.8　正回归模型的拟合预测图 (彩图请扫二维码)

第 2 章 变 量 选 择

2.1 传统变量选择方法

2.1.1 变量选择标准

1. 平均残差平方和准则

第 1 章介绍的残差平方和 S_E^2(R 软件中用 RSS 表示) 是衡量统计模型拟合效果的一个重要指标, 流行的交叉验证 (cross-validation) 就是基于 S_E^2 的. 但理论上可以证明, 用残差平方和 S_E^2 最小选择变量, 会存在变量选得越多, 残差就越小的情况, 一般地, 选择全部变量的残差平方和最小, 所以需要事先确定变量个数的最大值, 这显然是很难办到的.

实际中采用平均残差平方和

$$\text{RMS} = \frac{S_E^2}{n-p}, \tag{2.1}$$

其中 p 表示所选模型的变量个数 (含常数项). 通过使 RMS 达到最小的方式确定变量的个数.

2. C_p 准则

马洛斯 (Mallows) 提出的 C_p 统计量是近年来得到广泛重视的变量选择准则. LARS 算法的缺损方式就是采用的这个准则. C_p 准则也是根据残差平方和设计的一个准则, 定义为

$$C_p = \frac{S_E^2}{\hat{\sigma}^2} - (n-2p), \tag{2.2}$$

这里的 $\hat{\sigma}^2 = Y'(I - X(X'X)^{-1}X')Y/(n-p-1)$ 是含有全部变量的模型导出的 σ^2 的估计, 而 (2.2) 式分子的残差平方和是实际选择变量拟合模型的残差平方和. 选择对应点 (p, C_p) 最接近第一象限角平分线且 C_p 值最小的模型.

3. 广义交叉验证准则

选择使得下面的统计量

$$\text{GCV} = \frac{1}{n} \frac{S_E^2}{(1 - p/n)^2} \tag{2.3}$$

达到最小的模型, p 是选出来的变量个数.

4. AIC 准则

赤池 (Akaike) 通过修正极大似然法, 提出了一种较为一般的变量选择准则, 通常称为赤池信息量准则 (Akaike information criterion, AIC). AIC 准则运用十分广泛, 比如时间序列分析中自回归阶数的确定等.

考虑线性回归模型 (1.2), 设 $Y_1, Y_2, \cdots, Y_n$ 为一组样本, 如果它们服从某个含有 p 个参数的回归模型, 对应的似然函数最大值记为 $L_p(Y_1, Y_2, \cdots, Y_n)$, 赤池建议选择使

$$\text{AIC} = nL_p(Y_1, Y_2, \cdots, Y_n) - p \tag{2.4}$$

达到最大的模型, 如果设 S_E^2 表示残差平方和, 则等价的是选择使

$$\text{AIC} = n \ln(S_E^2) + 2p \tag{2.5}$$

达到最小的模型.

5. BIC 准则

贝叶斯信息准则 (Bayesian information criterion, BIC), 选择使得下面的 BIC 统计量

$$\text{BIC} = n \ln(S_E^2) + p\ln(n)/n \tag{2.6}$$

达到最小的模型.

2.1.2　逐步回归

逐步回归作为常用的一种变量选择方法, 主要分为向前法和向后法. 所谓的向前法就是从常数项开始, 把自变量逐个引入回归方程, 每一步, 经过某种准则选择进入方程的变量, 然后在增加下一个变量之前, 先通过该准则检查是否需要剔除某些自变量. 这个过程一直持续到没有变量需要引入, 也没有变量要删除为止. 而向后法是首先把全部变量选进模型, 然后根据 AIC 或 BIC 准则, 每次剔除能将 AIC 或 BIC 值降到最低的变量, 直到无变量可选为止.

2.1.3 传统变量选择 R 函数

通过 R 软件 leaps 包中的 regsubsets() 函数来实现, 该函数支持通过 R^2、调整的 R^2 或 Mallows C_p 统计量等准则来选择最佳模型. 主要参数见表 2.1.

表 2.1 传统变量选择函数表

regsubsets(x, y, nbest, method = c("exhaustive", "backward", "forward", "seqrep"), intercept = TRUE)	
x	自变量矩阵 (不包含常数列)
y	因变量
nbest	要记录的每个大小的子集的数量, 默认为 1
method	选择需要采用的搜索方法, 默认是穷举搜索 (exhaustive)
intercept	是否添加常数项, 默认添加一个常数项, 即 TRUE
plot(object, scale = c("bic", "Cp", "adjr2", "r2"))	
object	regsubsets 函数得到的对象
scale	选择最佳模型的准则, 默认是 BIC 准则

同样地, R 软件提供了逐步回归的计算函数 step(), 主要参数见表 2.2.

表 2.2 逐步回归函数表

step(object, direction = c("both", "backward", "forward"), k = 2)	
object	逐步回归的初始模型 (主要是"lm" 或"glm" 函数得到的对象)
direction	选择逐步回归的方法, 默认是向后法
k	k = 2 表示选择 AIC 信息量; k = log(n) 表示选择 BIC 信息量

2.2 现代变量选择方法

通过前一章的讨论, 我们发现经典的普通最小二乘法 (ordinary least squares, OLS) 模型并不总是最好的选择, 它在设计阵多重共线性较强时的表现不尽如人意. 此外, 随着信息采集技术的发展, 在实际生活中, 高维数据 (即 n 远小于 p) 或冗余变量出现在各行各业, 传统的最小二乘法已经失效. 这是因为, 一方面 OLS 模型没有变量选择的功能, 它无法将数据的冗余变量剔除, 从而得到一个解释性强的模型; 另一方面, 当 n 远小于 p 时, 矩阵 $X'X$ 总是奇异的, 经典的 OLS 模型无法得到一个可靠的解. 为了解决 OLS 模型在这方面的缺陷, 经过几代人的努力发展出了一系列变量选择的方法和理论.

2.2.1 绝对约束估计

受到 Breiman (1995) 提出的非负 Garotte 方法的启发, Tibshirani (1996) 提出了绝对约束估计 (least absolute shrinkage and selection operator, LASSO), 即

对模型 (1.2) 的求解考虑最小化如下的目标函数:

$$\frac{1}{2}\|Y - X\beta\|_2^2 + \lambda \sum_{j=1}^{p} |\beta_j|, \tag{2.7}$$

其中 $\lambda > 0$. LASSO 的优点在于不依赖普通最小二乘估计, 并且具有变量选择能力 (图 2.1). 但 LASSO 估计是有偏的, 也不满足哲人 (Oracle) 性质, 并且当自变量出现多重共线性时, LASSO 的估计效果不理想. 同时, 在高维情形下 LASSO 方法选择的变量个数不超过 n. 为此统计学家针对 LASSO 方法的不足之处提出了许多改进的变量选择方法.

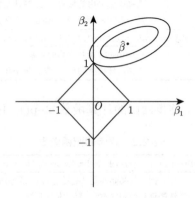

图 2.1   LASSO 的几何原理示意图

2.2.2   平滑调整估计

Fan 和 Li (2001) 指出一个好的惩罚函数所得到的参数估计应该具有稀疏性、无偏性和连续性. 他们给出了新的非凸惩罚函数——平滑调整估计 (smoothly clipped absolute deviation, SCAD), 其具体形式如下:

$$\mathrm{pen}_\lambda(|\theta|) = \begin{cases} \lambda |\theta|, & |\theta| \leqslant \lambda, \\ \dfrac{(a^2-1)\lambda^2 - (|\theta| - a\lambda)^2}{2(a-1)}, & \lambda < |\theta| \leqslant a\lambda, \\ \dfrac{1}{2}(a+1)\lambda^2, & |\theta| > a\lambda, \end{cases} \tag{2.8}$$

其中 $\lambda > 0, a > 2$. 实际应用中 Fan 和 Li (2001) 从贝叶斯观点上建议 $a = 3.7$. 结合 SCAD 惩罚函数对模型 (1.2) 的求解即考虑最小化如下的目标函数:

$$\frac{1}{2}\|Y - X\beta\|_2^2 + \sum_{j=1}^{p} \mathrm{pen}_\lambda(|\beta_j|). \tag{2.9}$$

2.2.3 弹性约束估计

Zou 和 Hastie (2005) 将岭估计和正则化方法进行加权, 提出了弹性约束估计 (elastic net, EN), 解决了 LASSO 在高维数据情形下最多选择 n 个变量和在多重共线性的情况下估计效果差的问题, 转化为对模型 (1.2) 的求解即考虑最小化如下的目标函数:

$$\frac{1}{2}\|Y - X\beta\|_2^2 + \lambda\left(\sum_{j=1}^{p}\alpha|\beta_j| + (1-\alpha)\beta_j^2\right), \tag{2.10}$$

其中 $\lambda > 0, 0 \leqslant \alpha \leqslant 1.$ 当 $\alpha = 1$ 时就是 LASSO 估计, 当 $a = 0$ 时就是岭估计. 上述有偏估计和普通最小二乘估计 (OLS 估计) 的关系见图 2.2.

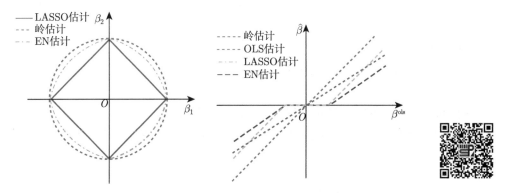

图 2.2　岭估计、LASSO 估计、EN 估计和 OLS 估计之间的关系 (彩图请扫二维码)

2.2.4 相关平滑调整估计

Yang 和 Yang (2021) 结合 Liu 估计与正则化方法提出了相关平滑调整估计 (smooth adjustment for correlated effects, SACE) 和广义相关平滑调整估计 (generalized smooth adjustment for correlated effects, GSACE), 克服了具有相关效应的高维数据变量选择问题, 这里仅介绍 SACE 惩罚, 模型 (1.2) 的求解即考虑最小化如下的目标函数:

$$\frac{1}{2}\|Y - X\beta\|_2^2 + \lambda\sum_{j=1}^{p}|\beta_j| + \frac{1}{2}\sum_{j=1}^{p}\beta_j^2 - d\sum_{j=1}^{p}\hat{\beta}_j^0\beta_j, \tag{2.11}$$

其中 $\lambda > 0, 0 \leqslant d \leqslant 1, \hat{\beta}^0 = (\hat{\beta}_0^0, \hat{\beta}_1^0, \cdots, \hat{\beta}_p^0)'$ 为相同调优参数下的 LASSO 估计. 该惩罚函数有三个优点: 减少假阴性, 即当初值为 $\hat{\beta}_j^0 = 0$ 时, (2.11) 式所得到的

参数估计 $\hat{\beta}_j$ 并不总是为 0; 不过度依赖于初始估计 $\hat{\beta}^0$; 鼓励分组效应, 克服多重共线性, 减少估计偏差.

令 $X^* = \begin{pmatrix} X \\ W \end{pmatrix}_{(n+p)\times(p+1)}$, $Y^* = \begin{pmatrix} Y \\ d\hat{\beta}^0 \end{pmatrix}_{(p+n)\times 1}$, $W = \begin{pmatrix} 0 & I \end{pmatrix}_{p\times(p+1)}$, 则 (2.11) 可转化为如下形式:

$$\frac{1}{2}\|Y^* - X^*\beta\|_2^2 + \lambda\sum_{j=1}^p |\beta_j|. \tag{2.12}$$

(2.12) 式说明 SACE 惩罚属于 LASSO 类, 因此可以采用坐标下降法直接求解.

2.2.5 非负约束估计

我们研究股票市场中的指数跟踪、风险对冲的问题时, 通常需要考虑下面几个重要的要求:

(1) 投资所有的股票成本太高, 因此需要模型能够产生稀疏解;

(2) 指数和成分股之间呈线性关系, 且系数全部非负, 故而模型要能够始终得到非负的参数估计;

(3) 传统的 LASSO 模型不能得到非负的参数估计.

因此 Wu 和 Yang (2014) 提出了带有非负约束的 LASSO 和 EN 模型, 具体形式分别如下:

$$\begin{cases} \dfrac{1}{2}\|Y - X\beta\|_2^2 + \lambda\sum_{j=1}^p \beta_j, \\ \beta_j \geqslant 0, j = 1, 2, \cdots, p. \end{cases} \tag{2.13}$$

$$\begin{cases} \dfrac{1}{2}\|Y - X\beta\|_2^2 + \lambda\left(\sum_{j=1}^p \alpha\beta_j + (1-\alpha)\beta_j^2\right), \\ \beta_j \geqslant 0, j = 1, 2, \cdots, p. \end{cases} \tag{2.14}$$

(2.13) 式为非负 LASSO, (2.14) 式为非负 EN. 由于非负 LASSO 不具有天然的高维特性, 并且也没有组效应. 而非负 EN 得到的新模型继承了 EN 的高维特性和组效应. 因此在应用到指数跟踪的模型中时, 非负 EN 有着相对于非负 LASSO 更好的表现.

通过乘积迭代算法可以给出 (2.13) 式和 (2.14) 式的结果, 该算法最初用于解决如下的优化问题:

$$\hat{\nu} = \arg\min_{\nu \geqslant 0} \left[\frac{1}{2} \nu' A \nu + b' \nu \right],\tag{2.15}$$

其中 $\nu = (\nu_1, \nu_2, \cdots, \nu_n)'$ 是 n 维非负向量, $A = (a_{ij}) \in \mathbf{R}^{n \times n}$ 是已知正定矩阵.

记 $a_{ij}^+ = \begin{cases} a_{ij}, & a_{ij} > 0, \\ 0, & a_{ij} \leqslant 0, \end{cases} A^+ = (a_{ij}^+), a_{ij}^- = \begin{cases} 0, & a_{ij} \geqslant 0, \\ -a_{ij}, & a_{ij} < 0, \end{cases} A^- = (a_{ij}^-),$ $F_a(\nu) = \frac{1}{2} \nu' A^+ \nu, F_b(\nu) = b' \nu, F_c(\nu) = \frac{1}{2} \nu' A^- \nu, a_i = \frac{\partial F_a(\nu)}{\partial \nu_i} = (A^+ \nu)_i, c_i = \frac{\partial F_c(\nu)}{\partial \nu_i} = (A^- \nu)_i$, 则 (2.15) 式的迭代步骤如下:

$$\nu_i^{(m+1)} = \left[\frac{-b_i + (b_i^2 + 4a_i^{(m)} c_i^{(m)})^{1/2}}{2a_i^{(m)}} \right] \nu_i^{(m)}.$$

对于给定的 $\lambda > 0$, 通过简单变换, 估计量 (2.13) 可以通过以下二次优化问题求解:

$$\hat{\beta}_{\mathrm{NL}}(\lambda) = \arg\min_{\beta \geqslant 0} \left[\beta' X' X \beta + (\lambda e - 2X' Y)' \beta \right],\tag{2.16}$$

其中, NL 表示非负 LASSO, $e = (1, 1, \cdots, 1)'_{n \times 1}$. 同样地, 估计量 (2.14) 可以通过以下二次优化问题求解:

$$\hat{\beta}_{\mathrm{NT}}(\lambda) = \arg\min_{\beta \geqslant 0} \left[\beta' (X' X + \lambda(1 - \alpha)I) \beta + (\lambda \alpha e - 2X' Y)' \beta \right],\tag{2.17}$$

其中 NT 表示非负弹性网.

2.2.6 分组绝对约束估计

在很多回归问题中, 我们对于寻找重要的解释变量因子更为感兴趣, 这里的解释变量因子是由一组变量构成的. 如股票数据中的地区结构信息、方差分析与可加模型等问题. 然而, LASSO 却不具备 "组" 筛选功能. 所以, Yuan 和 Lin (2006) 把变量的系数分组进行约束, 提出了组 LASSO 模型, 使得模型能够从 "组" 水平进行变量筛选. 为了表述方便, 我们将设计阵分组表示成 $Z = (Z_1, Z_2, \cdots, Z_J)$, 其中 $Z_j = (X_{j1}, X_{j2}, \cdots, X_{jg_j})$ 表示自变量的第 j 个部分组矩阵, g_j 是该组所含的变量数目, 系数向量则对应为 $\beta = (\beta_1', \beta_2', \cdots, \beta_J')'$, 其中第 j 个组的系数为 β_j. 则模型 (1.2) 的求解即考虑最小化如下的目标函数:

$$\frac{1}{2}\|Y - Z\beta\|_2^2 + \lambda\sum_{j=1}^{J}\|\beta_j\|_{K_j}, \tag{2.18}$$

其中 $\lambda > 0$, K_j 为适当阶数的对称正定矩阵, $\|a\|_{K_j} = \sqrt{a'K_j a}$ 表示关于 K_j 的范数. Yuan 和 Lin (2006) 在文章中建议将 K_j 取为 I_j 或者 $g_j I_j$, 并表明后者形式在某些实际应用方面更优. 特别地, 当 $g_j = 1, j = 1, 2, \cdots, p$ 时, 模型就是 LASSO 估计.

为了进一步揭示组水平筛选变量这一性质, 我们不妨将 LASSO 和组 LASSO 进行对比, 从惩罚函数的几何角度来说明组 LASSO 的这个特点. 考虑无截距项的三个自变量情形, 假设 $K_j = I_j$, 系数向量 $\beta = (\beta_{11}, \beta_{12}, \beta_{21})'$, 这里将变量分成了两组 $\beta_1 = (\beta_{11}, \beta_{12})'$ 和 $\beta_2 = \beta_{21}$, 并对 β_1 进行标准化以便于后续分析. LASSO 惩罚函数表示成 $|\beta_{11}| + |\beta_{12}| + |\beta_{21}| \leqslant 1$, 组 LASSO 惩罚函数表示成 $\sqrt{\beta_{11}^2 + \beta_{12}^2} + |\beta_{21}| \leqslant 1$. 这里给定的 1 是不失一般性地为了方便研究, 其惩罚函数的几何图像即为图 2.3.

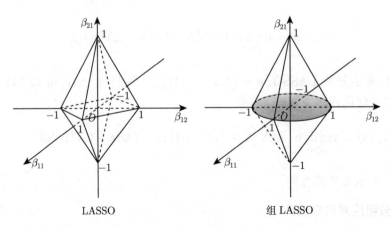

图 2.3 LASSO 和组 LASSO 在三参数两组时的罚项的几何示意图

根据图 2.3 和模型的惩罚函数形式, 不难看出 LASSO 和组 LASSO 通常会产生如下几组解:

如图 2.4 所示, 我们画出了在给定参数情况下两种方法的惩罚函数的几何含义. 从图中不难看出, 在 LASSO 惩罚函数下, 其解是正方形或者菱形与椭圆等高线相切的点, 这样的情形容易在定点发生, 也就是说会产生一个零系数解, 但是没有同时让第一组系数全部为零或者非零的作用; 在组 LASSO 惩罚函数下, 其解是正方形或者圆形与椭圆等高线相切的点, 从三幅图中可以看出 β_1 同时为零或者非零, β_2 亦然. 这就清楚地表明, 组 LASSO 能够从 "组" 水平选择变量而 LASSO 不能.

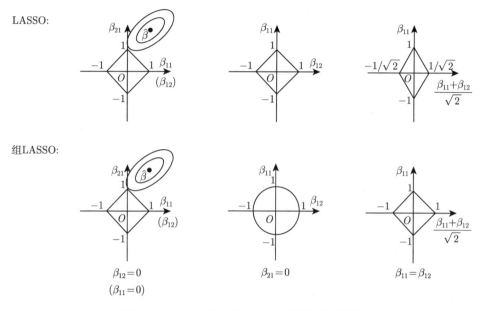

图 2.4 LASSO 解和组 LASSO 解的几何图像

2.2.7 变量选择常用 R 函数

在 R 软件中提供很多现成的包和函数解决本节提到的变量选择方法.

(1) lars 包中的 lars 函数 (表 2.3) 提供了 LASSO 惩罚函数用于线性模型的变量选择, 该函数输出结果包括一系列的 $\hat{\beta}$, 我们可以根据 C_p 准则、R^2 准则或残差平方和 RSS 选择最优的参数估计结果.

表 2.3　lars 函数表

lars(x, y, normalize = TRUE, intercept = TRUE)	
x	自变量矩阵 (不包括常数列)
y	因变量
normalize	对自变量是否标准化, 默认标准化
intercept	是否添加常数项, 默认添加常数项

(2) glmnet 包中的 glmnet 函数 (表 2.4) 提供了绝对约束估计、岭回归、弹性约束估计的 R 函数, 可用于线性模型和非线性模型的变量选择. 对于调优参数 λ 的选取可以采用 cv.glmnet 函数, 即使用 K 折交叉验证选择调优参数 λ.

表 2.4   glmnet 函数表

glmnet(x, y, alpha = 1, family = c("gaussian", "binomial", "poisson", "multinomial", "cox", "mgaussian"), lambda = NULL, standardize = TRUE, intercept = TRUE)	
x	自变量矩阵 (不包括常数列)
y	因变量
alpha	alpha = 1 表示 LASSO; alpha = 0 表示岭回归; alpha 取值在 0 到 1 之间时为弹性网
family	因变量的类型 (如该函数可以用于线性模型和逻辑斯谛回归模型)
lambda	调优参数的选取
standardize	自变量矩阵是否需要标准化, 默认标准化自变量
intercept	是否需要常数项, 默认添加常数项
cv.glmnet(x, y, lambda = NULL, type.measure = c("default", "mse", "deviance", "class", "auc", "mae","C"), nfolds = 10, ...)	
lambda	可以自己提供一系列的 λ 值 (建议不提供, 系统内置有)
type.measure	损失函数的类型, 默认是 mse 表示最小均方误差, 即最小二乘法
nfolds	交叉验证的折数, 默认 10 折
其他参数和 glmnet 函数相同, 如 standardize 和 intercept	

(3) ncvreg 包中的 ncvreg 函数 (表 2.5) 提供了平滑调整估计、绝对约束估计的 R 函数, 可用于线性模型和广义线性模型的变量选择. 该程序包还能用于计算 MCP(minmax concave penalty) 估计, 由于篇幅限制这里不再介绍, 感兴趣的读者可参考 (Zhang, 2010). 对于调优参数 λ 的选取可以采用 cv.glmnet 函数, 即使用 K 折交叉验证选择最优调优参数 λ.

表 2.5   ncvreg 函数表

ncvreg(X, y, family = c("gaussian", "binomial", "poisson"), lambda, penalty = c("MCP", "SCAD", "LASSO"))	
X	自变量矩阵 (不包括常数列)
y	因变量
family	因变量的类型 (如该函数可以用于线性模型和逻辑斯谛回归模型)
lambda	调优参数的选取
penalty	惩罚函数的选取, 默认为 MCP 惩罚
cv.ncvreg(X, y, ..., lambda, nfolds = 10, seed)	
lambda	可以自己提供一系列的 λ 值 (建议不提供, 系统内置有)
nfolds	交叉验证的折数, 默认 10 折
seed	可设置随机数种子的大小, 得到可再现的结果
其他参数和 ncvreg 函数相同, ..., 表示额外参数, 如 family 和 penalty	

(4) grpreg 包中的 grpreg 函数 (表 2.6) 提供了分组平滑调整估计、分组 MCP 估计、分组绝对约束估计等 R 函数, 可用于线性模型和广义线性模型的变量选择. 对于调优参数 λ 的选取可以采用 cv.grpreg 函数, 即使用 K 折交叉验证选择最优

调优参数 λ.

表 2.6 grpreg 函数表

grpreg(X, y, group = 1:ncol(X), penalty = c("grLasso", "grMCP", "grSCAD", "gel", "cMCP"), family = c("gaussian", "binomial", "poisson"), lambda, gamma = ifelse(penalty == "grSCAD", 4, 3))	
X	自变量矩阵 (不包括常数列)
y	因变量
group	分组信息 (默认单个变量为一组, 此时为 LASSO, MCP, SCAD)
family	因变量的类型 (如该函数可以用于线性模型和逻辑斯谛回归模型)
lambda	调优参数的选取
penalty	惩罚函数的选取
gamma	组 SCAD 的额外参数默认为 4, MCP 的额外参数为 3 (可自己设置)
cv.grpreg(X, y, group = 1:ncol(X), lambda, ..., nfolds = 10, seed)	
group	分组信息 (默认单个变量为一组, 此时为 LASSO, MCP, SCAD)
lambda	可以自己提供一系列的 λ 值 (建议不提供, 系统内置有)
nfolds	交叉验证的折数, 默认 10 折
seed	可设置随机数种子的大小, 得到可再现的结果
其他参数和 grpreg 函数相同, ..., 表示额外参数, 如 family 和 penalty	

(5) nnlasso 包中的 nnlasso 函数 (表 2.7) 提供了非负绝对约束估计和非负弹性约束估计的 R 函数, 可用于线性模型和广义线性模型的变量选择, 但该算法还不完善, 仅供应用和实证分析的读者参考, 建议采用本书介绍的乘积迭代算法. 对于调优参数 λ 的选取可以采用 cv.nnlasso 函数, 即使用 K 折交叉验证选择调优参数 λ.

表 2.7 nnlasso 函数表

nnlasso(x, y, family = c("normal", "binomial", "poisson"), lambda, intercept = TRUE, normalize = TRUE, tau = 1)	
x	自变量矩阵 (不包括常数列)
y	因变量
family	因变量的类型 (如该函数可以用于线性模型和逻辑斯谛回归模型)
lambda	系统默认给出一系列调优参数的值
intercept	是否添加一个常数项, 默认添加
normalize	自变量矩阵是否需要标准化, 默认标准化自变量
tau	tau = 1 表示非负 LASSO; alpha 取值在 0 到 1 之间时为非负 EN
cv.nnlasso(x, y, family = c("binomial", "normal", "poisson"), k = 5, nlambda = 50, tau = 1)	
k	交叉验证的折数, 默认 5 折
nlambda	系统内置的 λ 个数 (不可以自己提供一系列的 λ 值)

2.3 变量选择实例

在第 1 章的实例分析中, 我们发现红塔证券的回归系数是不显著的, 当我们把该成分股剔除后, 不影响股指追踪的效果. 因此, 本章的目的是当剔除一些自变量后, 通过选取重要的自变量仍旧能得到较好的预测效果. 在实际应用中, 投资者在有限的资金情况下, 不可能购买所有的股票, 只能关注重要的股票进行投资, 因此变量选择是十分必要的. 这里我们使用传统的变量选择方法和现代变量选择方法分析 1.4 节中的实际数据, 数据划分方式见 1.4 节.

2.3.1 传统变量选择法

因为考虑到变量选择, 此时应增加模型的常数项, 首先我们采用向后法的全子集回归得到最优模型, 分别基于 BIC 准则、C_p 准则、调整的 R^2 以及 R^2 得到的模型可视化结果见图 2.5. 根据图 2.5 可知, 采用前三种准则得到的最佳模型是剔除红塔证券, 模型内预测和外预测的 MAPE 分别为 0.0435 与 0.5696, 外预测效果相比普通最小二乘法 (0.6038) 有所提高. 而基于 R^2 准则倾向保留更多的变量, 本例中不剔除任何变量. 进一步我们还可以采用逐步回归法, 这里以向后逐步回归为例, 基于 AIC 准则得到的最佳模型亦为剔除红塔证券之后的模型.

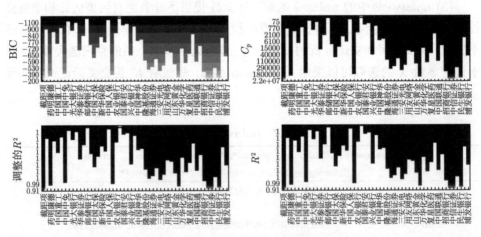

图 2.5   不同准则下最佳子集可视化图

显然以上两种方法得到的自变量是十分多的, 为考虑到实际应用背景, 并对比不同变量选择方法的效果, 我们下面寻找 10 只重要成分股以达到追踪股票指数的效果, 这里采用全子集回归法得到的模型内预测和外预测效果见表 2.8, 最终选择的成分股名称见表 2.9, 模型拟合效果见图 2.8.

表 2.8 不同变量选择方法下的内预测与外预测的 MAPE 值

方法	全子集回归	LASSO	SCAD	EN
内预测误差	4.0786	10.9343	9.1381	10.7654
外预测误差	19.1322	34.6438	27.7608	32.2391

表 2.9 不同变量选择方法得到的 10 只成分股名称

全子集回归	LASSO	SCAD	EN
药明康德	中国重工	汇顶科技	中国重工
中国中免	中国石油	中国石油	中国石油
中国平安	交通银行	中国建筑	交通银行
伊利股份	农业银行	工商银行	农业银行
三安光电	隆基股份	农业银行	隆基股份
贵州茅台	伊利股份	海通证券	伊利股份
招商银行	万华化学	闻泰科技	万华化学
三一重工	恒瑞医药	万华化学	恒瑞医药
中信证券	三一重工	三一重工	三一重工
民生银行	浦发银行	中国石化	浦发银行

2.3.2 现代变量选择法

这里我们先采用 lars 函数基于 C_p 准则得到的最终模型为仅剔除红塔证券后的模型, 但此时得到的内预测和外预测的 MAPE 值分别为 0.0435 与 0.6059, 效果不如全子集回归和逐步回归法, 这是因为 LASSO 最小化的目标函数多了惩罚项. 其变量选择过程见图 2.6.

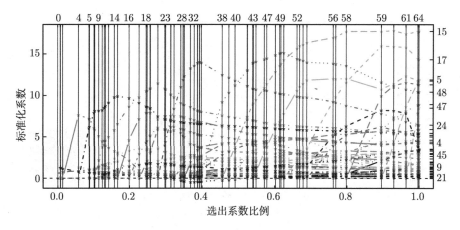

图 2.6 LASSO 变量选择系数图

进一步我们给出基于 10 折交叉验证得到 LASSO, SCAD 和 EN 的变量选择结果, 其中 EN 中 α 分别取 0.1, 0.2, 0.3, 0.4, 0.5, 0.6, 0.7, 0.8, 0.9, 1. 而 LASSO 和 SCAD 交叉验证结果, 见图 2.7.

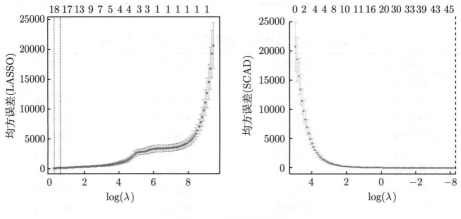

图 2.7 交叉验证图

需要注意的是, 当设置 grpreg 函数中 group 参数为 1 到 p 时, 对应的组 SCAD 就是 SCAD 惩罚. 如需要进行组 SCAD 惩罚, 只需要事先对自变量进行分类, 如可以按照行业、地区等准则分类, 也可以基于聚类分析的方法进行分类, 限于篇幅, 这里不再展开. 下面我们基于 LASSO, SCAD 和 EN 惩罚, 通过选取调节参数的值, 得到保留 10 只成分股的最终模型, 其内预测和外预测效果见表 2.8, 最终选择的成分股名称见表 2.9. 三种方法得到的模拟拟合效果见图 2.8.

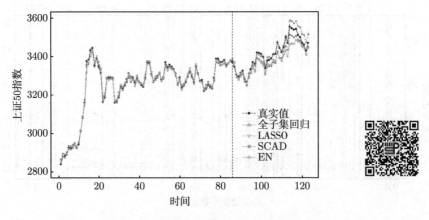

图 2.8 采用 10 只成分股的模型拟合效果 (彩图请扫二维码)

通过实验发现, 经过变量选择后的模型, 所有成分股系数都为正的, 这与实际背景是相一致的. 根据表 2.8 可知, 全子集回归法筛选的 10 只成分股得到的股指追踪效果最好, 其次是采用 SCAD 惩罚函数, 最差的是采用 LASSO 惩罚函数, 这是因为该数据本身不存在零变量. 根据图 2.8 可知, 全子集回归在测试集前大半部分跟踪效果较好, 但最后 7 天的外预测效果明显不如现代变量选择方法.

第 3 章　时 间 序 列

时间序列分析是建立在随机过程理论和数理统计方法上的一种处理动态数据的统计方法. 它主要用于研究随着时间变化, 寻找事物发展变化规律, 并预测未来, 常用在国民经济宏观控制、金融市场中的股价指数和股票价格变化、企业经营管理、市场预测、气象预报、天文学和海洋学等方面.

3.1　基 本 概 念

3.1.1　概率分布族及其特征

设 $\{X_t, t \in T\}$ 为一个随机过程, 对于任意一个 $t \in T$, X_t 是一个随机变量, 它的分布函数 $F_{X_t}(x)$ 可以通过 $F_{X_t}(x) = P\{X_t \leqslant x\}$ 得到, 这一分布函数称为时间序列的一维分布. 推广到更一般的情形, 任取正整数 n 以及 $t_1, t_2, \cdots, t_n \in T$, 则 n 维向量 $(X_{t_1}, X_{t_2}, \cdots, X_{t_n})'$ 的联合分布函数为

$$F_{X_{t_1}, X_{t_2}, \cdots, X_{t_n}}(x_1, x_2, \cdots, x_n) = P\{X_{t_1} \leqslant x_1, X_{t_2} \leqslant x_2, \cdots, X_{t_n} \leqslant x_n\}.$$

这些有限维分布函数的全体

$$\{F_{X_{t_1}, X_{t_2}, \cdots, X_{t_n}}(x_1, x_2, \cdots, x_n), \forall n \in \mathbf{Z}^+, \forall t_1, t_2, \cdots, t_n \in T\}$$

被称为时间序列 $\{X_t, t \in T\}$ 的有限维分布族.

由于在实际应用中, 得到时间序列 $\{X_t, t \in T\}$ 的有限维分布族几乎是不可能的, 并且通过有限维分布族推导时间序列的统计性质涉及十分复杂的数学运算, 因此, 通常我们采用数字特征来研究其统计规律.

1. 均值函数

对于时间序列 $\{X_t, t \in T\}$ 而言, 任意时刻的序列值 X_t 都是一个随机变量. 不妨设它的分布函数为 $F_{X_t}(x)$, 则当

$$\mu_t = E(X_t) = \int_{-\infty}^{+\infty} x \mathrm{d}F_{X_t}(x) < \infty, \quad \forall t \in T \tag{3.1}$$

时, 我们称 μ_t 为时间序列 $\{X_t, t \in T\}$ 的均值函数 (mean function). 它反映了 X_t 在各个时刻的平均取值水平.

2. 方差函数

当 $\displaystyle\int_{-\infty}^{+\infty} x^2 \mathrm{d}F_{X_t}(x) < \infty, \forall t \in T$ 成立时, 我们称

$$\sigma_t^2 = \mathrm{Var}(X_t) = E(X_t - \mu_t)^2 = \int_{-\infty}^{+\infty} (x_t - \mu_t)^2 \mathrm{d}F_{X_t}(x) < \infty \qquad (3.2)$$

为时间序列 $\{X_t, t \in T\}$ 的方差函数 (variance function). 它反映了序列值围绕其均值做随机波动时的平均波动程度.

3. 自协方差函数

与随机变量之间的协方差类似, 在时间序列分析中, 我们可以定义自协方差函数 (autocovariance function) 的概念. 对于时间序列 $\{X_t, t \in T\}$, 任取 $t, s \in T$, 称

$$\gamma(t, s) = E\left[(X_t - \mu_t)(X_s - \mu_s)\right] \qquad (3.3)$$

为序列 $\{X_t, t \in T\}$ 的自协方差函数.

4. 自相关函数

同样地, 与随机变量之间的相关系数类似, 我们可以定义时间序列的自相关函数 (autocorrelation function, ACF). 对于时间序列 $\{X_t, t \in T\}$, 任取 $t, s \in T$, 称

$$\rho(t, s) = \mathrm{corr}(X_t, X_s) = \frac{\gamma(t, s)}{\sqrt{\mathrm{Var}(X_t)}\sqrt{\mathrm{Var}(X_s)}} \qquad (3.4)$$

为序列 $\{X_t, t \in T\}$ 的自相关函数. 时间序列的自协方差函数与自相关函数反映了不同时刻的两个随机变量的相关程度.

5. 偏自相关函数

自相关函数虽然反映了时间序列 $\{X_t, t \in T\}$ 在两个不同时刻 X_t 和 X_s 的相关程度, 但是这种相关包含了 X_s 通过 X_t 和 X_s 之间其他变量 $X_{s+1}, X_{s+2}, \cdots,$ X_{t-1} 传递到 $X_t (s < t)$ 的影响, 即自相关函数实际上掺杂了其他变量的影响. 为了剔除中间变量的影响, 可引入**偏自相关函数** (partial autocorrelation function, PACF) 的概念. 偏自相关函数的定义为

$$\beta(s, t) = \mathrm{corr}(X_t, X_s | X_{s+1}, \cdots, X_{t-1})$$

$$= \frac{\mathrm{cov}(X_t, X_s | X_{s+1}, \cdots, X_{t-1})}{\sqrt{\mathrm{Var}(X_t)}\sqrt{\mathrm{Var}(X_s)}}, \quad 0 < s < t. \tag{3.5}$$

3.1.2   平稳时间序列

由于时间序列 $\{X_t, t \in T\}$ 在任意一个时刻只能获得唯一的观测, 即在某时刻对应的随机变量样本容量太小, 直接分析此刻随机变量一般没有可用的结果, 而序列平稳性假设就是解决该问题的有效手段之一. 平稳时间序列的定义有两种, 根据限制条件的严格程度, 分为严平稳和宽平稳时间序列.

1. 严平稳时间序列

设时间序列 $\{X_t, t \in T\}$, 对任意正整数 n, 任取 $t_1, t_2, \cdots, t_n \in T$ 以及任意正数 h, 都有

$$F_{X_{t_1+h}, X_{t_2+h}, \cdots, X_{t_n+h}}(x_1, x_2, \cdots, x_n) = F_{X_{t_1}, X_{t_2}, \cdots, X_{t_n}}(x_1, x_2, \cdots, x_n), \tag{3.6}$$

则称时间序列 $\{X_t, t \in T\}$ 为严平稳时间序列 (strictly stationary time series).

2. 宽平稳时间序列

如果时间序列 $\{X_t, t \in T\}$ 满足以下三个条件:

(1) $E(X_t^2) < \infty, \forall t \in T$;

(2) $E(X_t) = \mu, \forall t \in T, \mu$ 为常数;

(3) 对 $\forall s, t, k \in T$ 且 $k + t - s \in T$, 有 $\gamma(s, t) = \gamma(k, k + t - s), 0 < s < t$,

则称 $\{X_t, t \in T\}$ 为宽平稳时间序列 (weakly stationary time series), 也称弱平稳或二阶矩平稳.

显然, 严平稳比宽平稳的条件严格. 因此, 一般情况下, 严平稳序列满足宽平稳条件, 而宽平稳序列不能反推严平稳成立, 但两者都不是绝对的, 如服从柯西分布 (不存在一、二阶矩) 的严平稳序列就不是宽平稳. 需要注意的是, 存在二阶矩的严平稳序列一定是宽平稳的, 服从多元正态分布的序列是可以由宽平稳反推到严平稳的.

3.1.3   平稳时间序列的一些性质

实际应用中, 如果不做说明, 我们所说的平稳就是宽平稳. 根据平稳时间序列的定义, 将自协方差函数由二维函数 $\gamma(t, s)$ 简化为一维函数 $\gamma(s - t)$, 即 $\gamma(t - s) \hat{=} \gamma(s, t), \forall t, s \in T, t > s$, 得到延迟 k 自协方差函数的定义如下.

定义 3.1   对于平稳时间序列 $\{X_t, t \in T\}$, 任取 $t, t + k \in T$, 称

$$\gamma(k) = \gamma(t, t + k) \tag{3.7}$$

为该时间序列的延迟 k 自协方差函数.

结合定义 3.1 和平稳时间序列的定义可以得到平稳序列有如下性质:

(1) 常数均值: $E(X_t) = \mu, \forall t \in T$;

(2) 自协方差函数与自相关系数只依赖于时间的平移长度而与时间的起止点无关;

(3) 常数方差: $\mathrm{Var}(X_t) = \gamma(t, t) = \gamma(0), \forall t \in T$.

根据延迟 k 自协方差函数同理可得延迟 k 自相关系数函数的定义.

定义 3.2 对于平稳时间序列 $\{X_t, t \in T\}$, 任取 $t, t + k \in T$, 称

$$\rho(k) = \frac{\gamma(t, t+k)}{\sqrt{\mathrm{Var}(X_t)}\sqrt{\mathrm{Var}(X_{t+k})}} = \frac{\gamma(k)}{\gamma(0)} \tag{3.8}$$

为该时间序列的延迟 k 自相关函数.

根据定义 3.2, 容易验证延迟 k 自相关函数具有如下性质:

(1) 规范性: $\rho(0) = 1$ 且 $|\rho(k)| \leqslant 1, \forall k$;

(2) 对称性: $\rho(k) = \rho(-k)$;

(3) 非负定性: 对任意的正整数 m, 相关阵

$$\Gamma_m = \begin{pmatrix} \rho(0) & \rho(1) & \cdots & \rho(m-1) \\ \rho(1) & \rho(0) & \cdots & \rho(m-2) \\ \vdots & \vdots & & \vdots \\ \rho(m-1) & \rho(m-2) & \cdots & \rho(0) \end{pmatrix}$$

为非负定矩阵.

需要注意的是, 一个平稳时间序列唯一地决定了它的自相关函数, 但一个自相关函数却未必唯一对应一个平稳时间序列.

3.2 平稳时间序列分析

3.2.1 平稳性检验

对于一组序列首先需要进行数据的平稳性检验. 平稳性检验的方法主要有三种, 分别是:

(1) 通过时序图检验. 根据平稳性的定义, 可以知道平稳时间序列的均值和方差均为常数, 因此可以通过绘制时序图判断其平稳性, 即平稳时间序列的时序图

应该是围绕一条水平线上下波动, 而且波动的范围有界. 如果时序图显示明显的趋势性或周期性, 那么它通常不是平稳的时间序列.

(2) 通过自相关图检验. 这是由于平稳时间序列的序列值之间具有短期相关性的显著特点, 即随着延迟期数的增加, 平稳序列的自相关系数会很快地衰减为零, 而非平稳时间序列的自相关系数衰减为零的速度通常比较慢.

(3) 采用**单位根检验法**, 也称 DF(Dickey-Fuller) 检验. 在 R 软件的 fUnit-Roots 包中的 adfTest 函数中不仅提供了 DF 检验, 还提供了增广 DF(augmented Dickey-Fuller, ADF) 检验, 使用方法见表 3.1.

表 3.1   adfTest 函数表

adfTest(x, lags, type = c("nc", "c", "ct"))	
x	要检验的序列
lags	延迟阶数 ("lags = 1" 表示 DF 检验, lags 取大于 1 的整数表示 ADF 检验)
type	"nc" 表示无常数均值, 无趋势类型; "c" 表示有常数均值, 无趋势类型; "ct" 表示有常数均值, 有趋势类型

3.2.2   纯随机性检验

这里首先给出纯随机序列的定义如下.

定义 3.3   对于时间序列 $\{X_t, t \in T\}$, 如果满足如下条件:

(1) $E(X_t) = \mu, \forall t \in T$;

(2) $\forall t, s \in T, \gamma(t, s) = \begin{cases} \sigma^2, & t = s, \\ 0, & t \neq s. \end{cases}$

称 $\{X_t, t \in T\}$ 为纯随机序列 (pure random sequences), 简记为 $X_t \sim WN(\mu, \sigma^2)$.

根据定义 3.3, 显然, 白噪声序列也是纯随机序列, 但白噪声序列值之间没有相关关系 (如线性模型中的独立同分布的随机误差项), 也就是所谓的无记忆序列, 这样的序列过去的行为对未来发展没有影响, 所以也就没有研究的意义. 因此我们需要对序列进行纯随机性检验. R 软件中的 Box.test 函数提供了对序列纯随机性的检验, 具体调用格式见表 3.2.

表 3.2   Box.test 函数表

Box.test(x, lag, type = c("Box-Pierce", "Ljung-Box"))	
x	要检验的序列
lag	延迟阶数
type	检验统计量类型, 小样本建议使用"Ljung-Box", 大样本使用"Box-Pierce"

3.2.3 自回归移动平均模型

设 $\{x_t, t \in T\}$ 为一个时间序列, 称满足如下结构的模型为自回归移动平均 (autoregressive moving average, ARMA) 模型, 简记为 ARMA(p, q),

$$x_t = \phi_0 + \phi_1 x_{t-1} + \cdots + \phi_p x_{t-p} + \varepsilon_t - \theta_1 \varepsilon_{t-1} - \theta_2 \varepsilon_{t-2} - \cdots - \theta_q \varepsilon_{t-q}, \quad (3.9)$$

其中 $\phi_p \neq 0, \theta_p \neq 0, \varepsilon_t$ 是均值为零的白噪声序列, 且 ε_t 与 $x_{t-j}(j = 1, 2, \cdots, p)$ 无关, 即 $\forall s < t, E(x_s \varepsilon_t) = 0$.

当 $\phi_0 = 0$ 时, 模型 (3.9) 被称为中心化 ARMA(p, q) 模型. 因为模型 (3.9) 总可以中心化且不影响序列值之间的相关关系, 所以下文中默认模型 (3.9) 是中心化 ARMA(p, q) 模型.

为简化表达, 定义 B 为关于时间 t 的 k 步延迟算子, 该算子满足 $B^k x_t = x_{t-k}, k = 1, \cdots, p$. 令 $\Phi(B) = 1 - \varphi_1 B - \varphi_2 B^2 - \cdots - \varphi_p B^p$ 为 p 阶自回归系数多项式, $\Theta(B) = 1 - \theta_1 B - \theta_2 B^2 - \cdots - \theta_q B^q$ 为 q 阶移动平均系数多项式, 则 ARMA(p, q) 可以改写为

$$\Phi(B)x_t = \Theta(B)\varepsilon_t. \quad (3.10)$$

特别地, 当 $q = 0$ 时 ARMA(p, q) 模型就退化为自回归 (autoregressive, AR) 模型, 简记为 AR(p); 当 $p = 0$ 时 ARMA(p, q) 模型就退化为移动平均模型 (moving average, MA) 模型, 简记为 MA(q). 根据 (3.10) 式可以知道 AR(p) 模型就是用过去的序列值和现在的干扰项表示当前序列值, 因此 AR(p) 模型不一定是平稳的, 其平稳性的条件为 $\Phi(B) = 0$ 的根都在单位圆外. 而 MA(q) 模型是有限个白噪声的线性组合, 因此 MA(q) 模型是平稳的.

3.2.4 Green 函数与逆函数

1. Green 函数

设 $\{x_t, t \in T\}$ 是一个序列, 如果 x_t 可表示为零均值白噪声序列 ε_t 的级数和, 即

$$x_t = \sum_{i=0}^{\infty} G_i \varepsilon_{t-i}, \quad (3.11)$$

那么称系数函数 $G_0 = 1, G_i (i \geqslant 1)$ 就是 Green 函数, 其表示的是 $t - i$ 时刻的干扰项的权重, $|G_i|$ 越大, 表明过去的干扰 ε_{t-i} 对 t 时刻序列值影响越大, 说明系统记忆性越强. 如果 $|G_i| \to 0, i \to \infty$, 那么说明过去干扰的影响逐渐衰弱; 反之, 当 $i \to \infty$ 时, $|G_i|$ 不收敛于零, 那么说明过去干扰的影响不随时间的推移而衰退, 这样的序列将是不平稳的.

2. 逆函数

AR(q) 模型传递形式的实质就是用过去和现在的干扰项表示当前序列值, 其系数就是所谓的 Green 函数. 对于 MA(q) 模型而言, 我们也可用现在和过去的序列值表示当前干扰项, 即

$$\varepsilon_t = \left(\sum_{i=0}^{\infty} I_i B^i \right) x_t, \tag{3.12}$$

那么称系数函数 $I_0 = 1, I_i (i \geqslant 1)$ 就是逆函数. 但并不是所有的 MA(q) 模型都可以写成 (3.12) 式的逆转形式, MA(q) 模型可逆的条件为 $\Theta(B) = 0$ 的根都在单位圆外.

易知, ARMA(p,q) 模型的平稳性和可逆性条件分别为 $\Phi(B) = 0$ 和 $\Theta(B) = 0$ 的根都在单位圆外. 因此当 $\Phi(B) = 0$ 和 $\Theta(B) = 0$ 的根都在单位圆外时, ARMA(p,q) 模型就是平稳可逆模型.

对于平稳可逆的 ARMA(p,q) 模型 (3.10), 它具有如下的传递形式:

$$x_t = \Phi(B)^{-1} \Theta(B) \varepsilon_t = \sum_{i=0}^{\infty} G_i \varepsilon_{t-i}, \tag{3.13}$$

其中 $G_i (i \geqslant 0)$ 就是 Green 函数.

同样地, 对于平稳可逆的 ARMA(p,q) 模型 (3.10), 它具有如下的逆转形式:

$$\varepsilon_t = \Theta(B)^{-1} \Phi(B) x_t = \sum_{i=0}^{\infty} I_i x_{t-i}, \tag{3.14}$$

其中 $I_i (i \geqslant 0)$ 就是逆函数.

由于篇幅有限, 这里只介绍如何通过 R 软件进行建模, 关于 ARMA(p,q) 模型的相关统计性质, 感兴趣的读者可以查阅相关资料.

3.2.5 ARMA (p, q) 模型的建模

当通过对数据的预处理, 判断该序列为平稳非白噪声序列时, 那么就可以按照以下步骤进行建模.

(1) 根据样本观测值计算样本自相关系数 (ACF) 和偏自相关系数 (PACF).

在 R 软件中, acf 函数和 pacf 函数可以计算样本相关系数和样本偏自相关系数, 并返回带有 2 倍标准差虚线的 ACF 和 PACF 图.

(2) 根据样本 ACF 和 PACF 的性质确定 ARMA(p,q) 模型的阶数 p, q.

关于 ARMA(p, q) 模型的阶数的确定有两种方法. 第一种方法是根据模型的 ACF 和 PACF 性质进行定阶, 归纳到表 3.3.

表 3.3 模型定阶表

模型	自相关系数	偏自相关系数
AR(p)	拖尾	p 阶截尾
MA(q)	q 阶截尾	拖尾
ARMA(p, q)	拖尾	拖尾

由于在实际中根据表 3.3 定阶很大程度上依赖主观经验, 因此一个有效的辅助判断方法就是 2 倍标准差作为截尾标准. 如果样本 ACF 或 PACF 在最初的 d 阶明显超过 2 倍标准差范围, 而后几乎 95% 的值都落在 2 倍标准差范围内, 而且衰减到 2 倍标准差范围内的速度很快, 则通常可以认为 d 阶截尾.

第二种方法则是采用 R 软件中 forecast 包 (同时加载 zoo 包) 中提供的 auto.arima 函数基于信息最小准则的自动定阶法 (表 3.4). 该函数不仅提供了 ARMA(p, q) 模型的自动定阶, 还提供了 ARIMA(p, d, q) 模型 (见下文介绍) 的阶数确定.

表 3.4 自动定阶表

auto.arima(x, max.p, max.q, ic)	
x	要定阶的序列
max.p	自相关系数的最高阶, 默认为 5
max.q	移动平均系数的最高阶, 默认为 5
ic	指定信息量准则, 可采用"aicc", "aic" 和"bic" 准则

(3) 拟合 ARMA(p, q) 模型, 估计模型中的未知参数.

关于 ARMA(p, q) 模型的参数估计通常可以采用矩估计、极大似然估计和最小二乘法. 在 R 软件中 arima 函数可以直接帮助我们完成参数估计 (表 3.5).

表 3.5 arima 函数表

arima(x, order = c(p,d,q), include.mean, method, transform.pars, fixed)	
x	要拟合的序列
order	指定模型阶数, d = 0 表示 ARMA(p, q) 模型
include.mean	是否包含常数项, 默认为 TRUE
method	指定参数估计方法, 默认的"CSS-ML" 表示条件最小二乘和极大似然混合法; "ML" 为极大似然估计; "CSS" 为条件最小二乘估计
transform.pars	指定参数估计是否由系统自动完成, 默认为 TRUE, FALSE 是用于拟合疏系数模型
fixed	对疏系数模型指定疏系数的位置

(4) 检验模型的有效性.

和多元线性模型一样, 对于时间序列模型, 我们也需要分别对模型和参数进行显著性检验. 对于一个时间序列模型是否显著有效, 其标准在于拟合后模型残差序列是否为白噪声序列, 即信息是否提取充分.

而对于时间序列模型参数的显著性检验, 即判断该系数是否显著非零, 其目的在于使模型更精简、更稳健. R 语言不提供模型的显著性检验, 因为拟合模型输出的参数估计结果均为显著非零.

(5) 模型的优化.

如果采用人为定阶的方法确定 ARMA(p, q) 模型, 存在较强的主观判断, 因此在模型定阶时可能存在多种判断, 且每个模型都通过了检验, 那么哪个模型是最优的呢? 可以采用信息准则 (如 AIC, BIC 准则, 见第 2 章介绍) 比较或直接采用 auto.arima 函数定阶.

(6) 利用拟合模型, 预测序列未来走势.

得到一个模型后, 我们最关心的问题是预测未来, 在 R 软件的 forecast 包中 forecast 函数提供了对未来时间的序列值预测 (表 3.6).

表 3.6   forecast 函数表

forecast(object, h, level)	
object	拟合模型函数返回的对象 (如 arima 函数返回的对象)
h	要预测的期数
level	置信区间的置信水平, 默认为 80%和 95%的双层置信区间

3.3   非平稳时间序列的确定性分析

沃尔德 (Wald) 在 1938 年提出了著名的沃尔德分解定理, 他指出任何一个离散平稳序列都可以分解为两个不相关的平稳序列之和, 其中一个是确定性的 (即序列发展有很强的规律性, 历史数据能很好地预测未来), 一个是随机性的 (即序列随着时间的推移有很强的随机性, 历史数据不能很好地预测未来). 虽然沃尔德分解定理的提出是为了分析平稳序列的构成, 但克拉默 (Cramer) 在 1961 年证明了沃尔德分解思路同样可以用于非平稳的时间序列, 同时克拉默也提出了著名的克拉默分解定理, 即任意的一个时间序列都可以分解为两部分的叠加, 一部分是由多项式决定的确定性趋势成分, 另一部分是平稳的零均值误差成分.

一般地, 由确定性因素导致的非平稳序列存在明显的规律性, 如显著的趋势或周期性变化等, 这种规律性强的信息通常比较容易获取. 而时间序列数据的分解主要是将序列表现出来的规律性分解成不同的组成部分. 经过观察发现, 序列变化主要受长期趋势 (T_t)、季节变化 (S_t) 和随机波动 (I_t) 三种因素的综合影响.

由于一些时间序列具有明显的趋势, 我们需要通过找出这种趋势对未来发展做出合理的预测, 而针对长期趋势 (T_t) 信息的提取通常可以采用如下方法:

3.3.1 趋势拟合法

趋势拟合法就是把时间作为自变量, 相应的序列观察值作为因变量, 建立回归模型. 根据图像特征可以考虑建立线性模型、非线性模型或非参数模型等. 关于非线性模型在 R 软件中的求解可以采用 nls 函数, 但因为有些非线性函数不能得到显示解, 只能通过迭代算法求出数值解, 因此需要给定初值. 而有时自变量和因变量之间的函数关系是不容易确定的, 这时就可以采用非参数模型. 所谓的非参数模型就是假定自变量与因变量函数关系未知时的一种模型, 这里仅介绍 R 软件中基于 B 样条逼近技术估计非参数函数的方法. 通过加载 splines2 包后, 调用 bSpline 函数与 lm 函数完成参数估计, 具体方法见表 3.7.

表 3.7　B 样条函数表

nls(Y~f(t), data, start)	
Y	因变量
f(t)	给定的非线性函数
data	数据集
start	迭代算法的初值
bSpline(x, df, degree = 3L)	
x	自变量 (如时间"t")
df	自由度, 取值为阶数与样条节点之和, 最小取"degree" 的值
degree	分段多项式的阶数, 默认为 3 次 B 样条
bSpline 函数通过把时间 t 代入 B 样条基函数得到基函数矩阵 (视为新的自变量) 后, 再使用 lm 函数对因变量与新的自变量进行最小二乘估计	

3.3.2 平滑法

平滑法包括移动平均法和指数平滑法. 所谓的移动平均法就是取一定时间间隔的平均值作为下一期的估计值, 针对移动平均法可以直接采用 R 软件中的 TTR 包的 SMA 函数. 而指数平滑法就是一种加权平均值的思想, 即考虑对近期的历史序列值赋予大的权重, 远期的历史序列值赋予小的权重, 这更符合实际情况. 常用的指数平滑方法有单指数模型 (假设序列无趋势、无季节变化)、双指数模型 (假设序列有线性趋势、无季节变化) 和三指数模型 (假设序列有趋势、有季节变化). 在 R 软件中 forecast 包的 ses 函数、holt 函数和 hw 函数对应求解上述的三种指数模型, 并采用 forecast 函数提供预测.

在实际应用中, 一个时间序列可能不是简单地只有趋势变化, 它可能既包括趋势变化又包括季节变化. 而要对趋势变化和季节效应同时进行分析, 就必须了解它们之间的相互作用关系. 常用的模型有以下两种.

(1) 加法模型

$$x_t = T_t + S_t + I_t. \tag{3.15}$$

(2) 乘法模型

$$x_t = T_t \cdot S_t \cdot I_t, \tag{3.16}$$

其中, T_t 代表序列的长期趋势波动, S_t 代表季节性 (周期性) 变化, I_t 表示随机波动. 在 R 软件中对模型 (3.15) 和 (3.16) 中确定性因素分解的函数是 decompose 和 stl. 区别在于 decompose 函数是基于移动平均法进行分解的, 对于骤增骤降变化不敏感; 而 stl 函数对趋势项和季节变化都采用局部多项式拟合的方法, 效果更好, 但该函数只能处理加法模型, 当然对于正的序列可以对乘法模型两边取对数, 转化为加法模型. 具体使用方法见表 3.8.

表 3.8   decompose 函数表

decompose(x, type = c("additive", "multiplicative"))	
x	要分解的序列
type	选择分解的模型
stl(x, s.window, t.window)	
x	要分解的序列
s.window	控制季节项变化速度, 较小的值意味更快的变化速度, 可取"period"
t.window	控制趋势项变化速度, 较小的值意味更快的变化速度

3.4   非平稳时间序列的随机分析

实际生活中非平稳序列大量存在, 而随着研究的深入, 我们发现非平稳序列的确定性分析还存在一些问题, 比如确定性分析只能提取显著的确定性信息, 对随机信息浪费严重; 另外, 确定性分析把序列变化归结为三因素的综合影响, 却不能提供明确有效的方法判断各因素之间确切的关系. 而随机时序分析法的发展就是为了弥补确定性分析法的不足之处.

3.4.1   求和自回归移动平均模型

由于差分运算具有强大的确定性信息提取能力, 一般来说, 具有随机性趋势的非平稳时间序列经过适当的差分运算后就会变成一个平稳的时间序列, 需要注意的是过度差分会导致信息损失. 结合 ARMA(p,q) 模型和差分运算就可以得到求和自回归移动平均模型 (autoregressive integrated moving average, ARIMA), 简记为 ARIMA(p,d,q). 具体形式为

$$\Phi(B)\nabla^d x_t = \Theta(B)\varepsilon_t, \tag{3.17}$$

其中 ε_t 是均值为零, 方差为 σ_ε^2 的白噪声序列, 且 $E(x_s\varepsilon_t) = 0, \forall s < t; \nabla^d = (1-B)^d; \Phi(B) = 1-\varphi_1 B-\varphi_2 B^2-\cdots-\varphi_p B^p$ 和 $\Theta(B) = 1-\theta_1 B-\theta_2 B^2-\cdots-\theta_q B^q$ 分别为平稳可逆的 ARMA(p,q) 模型的自回归系数多项式和移动平均系数多项式.

ARIMA(p,d,q) 模型是比较综合的模型, 它有以下几种重要的形式.

(1) 当 $d = 0$ 时, ARIMA(p,d,q) 模型就退化为 ARMA(p,q) 模型.

(2) 当 $p = 0$ 时, ARIMA(p,d,q) 模型就退化为 IMA(d,q) 模型.

(3) 当 $q = 0$ 时, ARIMA(p,d,q) 模型就退化为 API(p,d) 模型.

(4) 当 $d = 1, p = q = 0$ 时, ARIMA(p,d,q) 模型就是著名的随机游走模型.

由于 ARIMA(p,d,q) 模型的建模过程与 ARMA(p,q) 建模过程相差不大, 只是增加了差分运算使得非平稳序列转化为差分平稳序列, 因此 R 软件中的差分运算可以通过 diff 函数得到, 或者直接采用 auto.arima 函数自动定阶.

3.4.2 条件异方差模型

在宏观经济和金融领域, 经常可以看到一些序列在消除了确定性非平稳因素后, 残差序列的波动在大部分时段是平稳的, 但会在某段时间波动持续偏大, 某段时间波动持续偏小, 呈现集群效应 (volatility cluster), 如图 3.1(a). 具体而言, 集群效应意味着在整个序列的观察期, 序列的方差基本是齐性的, 但在某段时期方差异于期望方差, 如图 3.1(b).

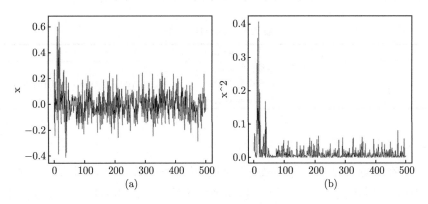

图 3.1 集群效应特征图

而对于资产持有者而言, 他们只关心在持有资产这段时间资产收益的波动情况, 不关心资产收益在所有时段的综合表现. 因此基于序列全程的方差齐性分析方法无法满足这类人的需求, 这时候就需要引入条件异方差模型.

1. 自回归条件异方差模型

设一个时间序列 $\{x_t, t \in T\}$ 满足

$$\begin{cases} x_t = f(t, x_{t-1}, x_{t-2}, \cdots) + \mu_t, \\ \mu_t = \sqrt{h_t}\varepsilon_t, \\ h_t = \beta_0 + \beta_1\mu_{t-1}^2 + \cdots + \beta_q\mu_{t-q}^2, \end{cases} \tag{3.18}$$

其中 $f(t, x_{t-1}, x_{t-2}, \cdots)$ 为 $\{x_t\}$ 的确定信息拟合模型, ε_t 独立同分布, 且 $\varepsilon_t \sim N(0, \sigma^2)$. 我们称 $\{\mu_t\}$ 服从 q 阶自回归条件异方差 (autoregressive conditional heteroskedastic, ARCH) 模型, 简记为 ARCH(q).

模型 (3.18) 的求解可以采用极大似然法. 在实际应用中, 通常可以取 $f(t, x_{t-1}, x_{t-2}, \cdots)$ 为线性函数. 在使用 ARCH(q) 模型建模前, 一个重要的步骤就是对剔除确定信息 (通常可以采用差分运算) 后的残差序列进行检验, 即不仅需要检验序列是否存在异方差性, 还需要检验这种异方差性是否可以用残差序列的自回归模型进行拟合. 常用的检验方法包括拉格朗日 (Lagrange) 乘子检验和 Portmanteau Q 检验. 在 R 软件中, FinTS 包中的 ArchTest 函数提供了拉格朗日乘子检验, Portmanteau Q 检验就是对残差平方和序列进行纯随机性检验, 调用 Box.test 函数就可以完成.

R 软件中关于 ARCH(q) 模型的求解可以采用 tseries 包中的 garch 函数进行求解, 该函数将返回系数显著性检验结果, 具体使用方法见表 3.9.

表 3.9 garch 函数表

	garch(x, order)
x	要拟合的序列
order	拟合模型的阶数, "order = c(0, q)" 表示拟合 ARCH(q) 模型, "order = c(p, q)" 表示拟合 GARCH(p, q) 模型

2. GARCH 模型

由于在实际生活中, 许多残差序列的异方差函数具有长期的相关性, 采用 ARCH(q) 模型建模会产生很高的移动平均阶数. 当样本有限时, 参数估计是困难的且效率大大降低. 为此 Bollersley 在 1986 年提出了广义自回归条件异方差

(generalized autoregressive conditional heteroskedastic, GARCH) 模型, 简记为 GARCH(p,q). 具体形式如下:

$$\begin{cases} x_t = f\left(t, x_{t-1}, x_{t-2}, \cdots\right) + \mu_t, \\ \mu_t = \sqrt{h_t}\varepsilon_t, \\ h_t = \beta_0 + \sum_{i=1}^{q} \beta_i \mu_{t-i}^2 + \sum_{j=1}^{p} \alpha_j h_{t-j}, \end{cases} \tag{3.19}$$

其中 $\beta_0 > 0, \beta_i \geqslant 0, \alpha_j \geqslant 0, \varepsilon_t$ 独立同分布, 且 $\varepsilon_t \sim N(0,1)$.

显然 GARCH 模型就是考虑在 ARCH 模型的基础上增加了异方差函数的 p 阶自相关性, 当 $p = 0$ 时, GARCH 模型就退化为 ARCH 模型. GARCH 模型为金融时间序列的波动性建模提供了有效的方法, 但因为其对参数严格的约束和对正负扰动的反应是对称的, 所以在应用中限制了其适用范围. 为此, 研究者提出了许多 GARCH 的衍生模型, 如 EGARCH 模型、GARCH-M 模型和 IGARCH 模型等, 感兴趣的读者可以查阅相关文献.

针对 GARCH(p,q) 模型的参数估计通常采用极大似然法, 其检验采用拉格朗日乘子检验.

3.5 门限自回归模型

由于金融数据常常体现出一种非线性性, 在拟合这些数据时需使用非线性模型. Tong 在 1978 年提出了门限自回归 (threshold autoregressive, TAR) 模型, 该模型能很好地解释这类数据的非线性特征. 具体定义如下.

对于时间序列 $\{x_t, t \in T\}$, TAR 模型可表示为如下形式:

$$x_t = \varphi_0^{(j)} + \varphi_1^{(j)} x_{t-1} + \cdots + \varphi_{p_j}^{(j)} x_{t-p_j} + \varepsilon_t^{(j)},$$
$$r_{j-1} < x_{t-d} \leqslant r_j, \quad j = 1, 2, \cdots, L, \tag{3.20}$$

其中 $\varepsilon_t^{(j)}$ 是均值为 0, 方差为 σ_j^2 的白噪声序列, 且各 $\varepsilon_t^{(j)}$ 之间相互独立, p_j 表示第 j 个阶段内 AR 模型的阶数, d 为延迟步数. (3.20) 式可以简记为 TAR$(d, L, p_1, p_2, \cdots, p_L)$. 特别地, 当模型 (3.20) 各区间的阶数相等时, 记为 TAR(d, L, p) 模型, 更进一步, 当 $L = 1, d = 0$ 时, TAR 模型就退化为 AR 模型.

TAR 模型的基本思想是在观测的时间序列取值范围内引入 $L-1$ 个门限值 $r_j (j = 1, 2, \cdots, L-1)$, 将时间轴分为 L 个区间, 并用延迟阶数 d 将 $\{x_t\}$ 按 $\{x_{t-d}\}$ 值的大小指派到各个门限区间内, 对不同区间内的 x_t 采用不同的 AR 模型拟合.

在实际应用中, 通常将 TAR 模型转化为分段线性回归问题, 常用的 TAR 模型只有两个门限区间 ($L = 2$), 即自我激励门限 (self-exciting threshold autoregressive, SETAR) 模型, 形式如下:

$$x_t = \begin{cases} \varphi_0^{(1)} + \varphi_1^{(1)} x_{t-1} + \cdots + \varphi_{p_1}^{(1)} x_{t-p_1} + \varepsilon_t^{(1)}, & x_{t-d} \leqslant r_1, \\ \varphi_0^{(2)} + \varphi_1^{(2)} x_{t-1} + \cdots + \varphi_{p_2}^{(2)} x_{t-p_2} + \varepsilon_t^{(2)}, & x_{t-d} > r_1. \end{cases}$$

在 R 软件的 TSA 包中的 tar 函数可以用来求解 SETAR 模型, 该函数基于 AIC 准则 (当求解方法为 MAIC 时) 确定 AR 模型的阶数, 还提供了对 SETAR 模型的检验, predict 函数可以用于预测. tar 函数具体调用格式见表 3.10.

表 3.10 tar 函数表

tar(y, p1, p2, d, is.constant1, is.constant2, center = FALSE, standard = FALSE, method = c("MAIC", "CLS")[1], a = 0.05, b = 0.95, print = FALSE)	
y	要拟合的时间序列
p1	下区域的 AR 阶数
p2	上区域的 AR 阶数
d	延迟阶数
is.constant1	下区域是否添加一个常数, 默认为 TRUE
is.constant2	上区域是否添加一个常数, 默认为 TRUE
center	是否对数据中心化, 默认为 FALSE
standard	是否对数据标准化, 默认为 FALSE
method	模型求解方法, MAIC 表示最小化 AIC 准则, CLS 为条件最小二乘法
a	较低的百分比, 默认 0.05
b	较高的百分比, 默认 0.95, [a, b] 为门限值搜索区间
print	是否打印结果, 默认为 FALSE

3.6 时间序列分析实例

本次案例采用的是第 1 章数据中的上证 50 指数数据. 即 2020 年 6 月 15 日至 2020 年 12 月 23 日上证 50 指数的收盘价. 仍考虑将前 70% 的数据作为训练样本, 后 30% 的数据作为测试样本.

首先对数据进行白噪声检验, 以确保后续建模有意义. 检验结果表明训练样本非白噪声 (p 值小于 2.2×10^{-16}) 序列. 下一步我们需要对序列进行平稳性检验. 根据图 3.2 中时序图可以清晰地判断该序列存在明显的上升趋势, 为不平稳序列; 序列自相关图也显示了自相关系数缓慢减小为 0 的现象, 两者都说明了训练样本为不平稳序列, 但采用 ADF 检验, 却发现该序列是具有常数均值的平稳序列, 该平稳序列 2 阶或 3 阶自相关 (p 值为 0.0378 和 0.0239), 为此, 我们直接采用自动定阶函数 auto.arima, 得到的结果是 ARIMA(0, 1, 0) 模型, 为此可以确定该序列为非平稳序列.

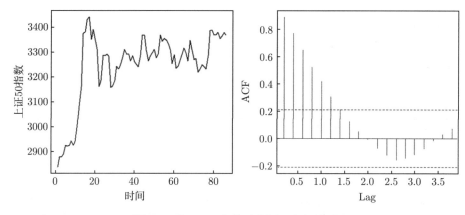

图 3.2　上证 50 指数时序图及自相关图

当我们采用一阶差分使得序列平稳时, 得到的一阶差分后的序列为白噪声序列. 因此我们有两种方法对该序列进行建模, 第一种考虑近期的部分数据进行建模, 第二种采用确定性因素分解的方法对该非平稳序列建模.

若仍旧采用 ARIMA 模型对该序列进行建模, 根据图 3.2 可以选取第 35 天至 86 天的数据建模. 计算序列自相关系数和偏自相关系数, 见图 3.3. 根据图 3.3

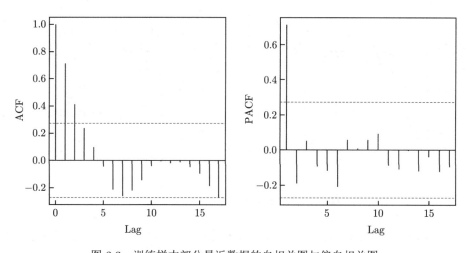

图 3.3　训练样本部分最近数据的自相关图与偏自相关图

可知, 只有延迟 1 和 2 阶自相关系数在 2 倍标准差范围之外, 说明该序列具有短期相关性, 才可以判断为平稳序列. 再进一步考察自相关系数衰减过程, 可以看到有明显的正弦波动轨迹, 这说明自相关系数衰减为零不是一个突然的过程, 而是连续渐变的过程, 这是拖尾的典型特征. 而偏自相关系数一阶后截尾, 因此可以初步确定拟合模型为 AR(1) 模型. 当使用 R 中 auto.arima 函数自动定阶时, 得到的是 ARIMA(1, 0, 0) 模型, 即 AR(1) 模型, 与经验判断一致. 建立 AR(1) 模型后, 对模型和系数进行检验, 结果均十分显著, 也不存在条件异方差模型, 外预测的 MAPE 见表 3.11.

表 3.11   不同方法下的外预测的 **MAPE** 值

方法	外预测误差	方法	外预测误差
AR(1)	108.6651	双指数模型	71.7922
趋势拟合法	62.0781	三指数模型 (加法模型)	66.7881
移动平均法	73.6447	三指数模型 (乘法模型)	58.3552
单指数模型	73.6515	门限自回归模型	103.9514

　　显然剔除部分数据会造成信息的损失, 因此下一步我们考虑使用全部样本建模. 首先我们考虑直接采用趋势拟合法和移动平均法进行建模, 见图 3.4, 其中, 图 3.4 中左图为趋势拟合法, 采用二次 B 样条逼近技术拟合非参数函数, 右图为 10 期移动平均法. 外预测效果见表 3.11.

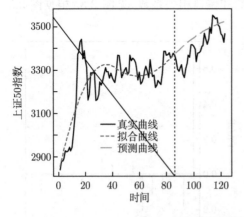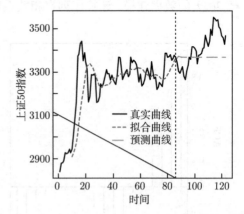

图 3.4   趋势拟合图与移动平均法拟合图

　　在实际中, 该序列可能不仅仅只有趋势因素的影响, 还可能受季节因素的影响, 这里对数据以 5 个交易日为一个周期, 分别采用加法模型和乘法模型进行因素分解, 具体因素分解拟合见图 3.5, 其中左图为加法模型的因素分解拟合图, 右图为乘法模型的因素分解拟合图.

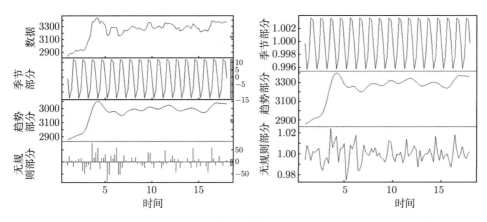

图 3.5 加法模型与乘法模型因素分解拟合图

分别基于加法模型和乘法模型考虑三指数平滑法, 模型外预测效果见表 3.11. 进一步我们考虑 SETAR 模型对该序列进行建模, 基于 AIC 准则确定最后的模型为 SETAR(1, 2, 4) 模型, 结果见表 3.11.

通过条件异方差检验发现, 趋势拟合法得到的残差存在条件异方差情况, 为此, 我们对该残差建立条件异方差模型. 当建立 ARCH(1) 模型时可以消除条件异方差, 条件异方差模型拟合的 95% 置信区间见图 3.6.

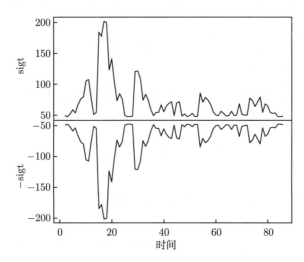

图 3.6 条件异方差模型拟合的 95% 置信区间

注: sigt 表示 ARCH(1) 的上侧置信区间, −sigt 表示 ARCH(1) 的下侧置信区间

第 4 章 非参数统计

首先回顾一下参数统计, 所谓的参数统计是指在对总体分布或分布族形式已知时, 对这些参数进行估计或检验. 但在实际应用中, 有时候数据并不来自于我们假定的总体, 那么此时得到的结果可能就会背离实际. 非参数统计就是假定总体分布未知时, 从数据本身获得所需要的信息, 通过估计而获得分布结构的一种方法. 非参数统计方法对总体假定少, 效率高, 具有稳定性和普适性, 也因此受到广泛的研究和应用. 当然非参数统计的缺点在于当对总体有充分了解时, 非参数统计不如参数统计具有更强的针对性, 有效性会差一些.

4.1 次序统计量及分位数估计

次序统计量不依赖总体分布, 并且计算量小, 使用方便, 在质量管理、地震、气象、可靠性等方面得到广泛的应用.

4.1.1 次序统计量

定义 4.1 设样本 $X_1, X_2, \cdots, X_n$ 独立同分布, 把诸 X_i 按照从小到大的次序排列为 $X_{(1)} \leqslant X_{(2)} \leqslant \cdots \leqslant X_{(n)}$, 则称 $X_{(1)} \leqslant X_{(2)} \leqslant \cdots \leqslant X_{(n)}$ 为原样本 $X_1, X_2, \cdots, X_n$ 的次序统计量. 称 $X_{(i)}$ 为第 i 个次序统计量, $X_{(1)}$ 为样本极小值, $X_{(n)}$ 为样本极大值, 两者通称为极值.

设总体 X 的分布函数为 $F(x)$, 具有连续密度函数 $f(x)$, 则称次序统计量 $X_{(r)}$ 的密度函数为

$$f_r(x) = \frac{n!}{(r-1)!(n-r)!} [F(x)]^{r-1} [1 - F(x)]^{n-r} f(x).$$

次序统计量 $X_{(r)}$ 和 $X_{(s)}$ 的联合密度函数为

$$f_{rs}(x, y) = \frac{n!}{(r-1)!(s-r-1)!(n-s)!} [F(x)]^{r-1} [F(y) - F(x)]^{s-r-1}$$
$$\times [1 - F(y)]^{n-s} f(x) f(y), \quad x < y.$$

同理, 我们可以得到任意的三个或更多个次序统计量的联合密度函数. 特别地, $X_{(1)}, X_{(2)}, \cdots, X_{(n)}$ 的联合密度函数为

$$f(y_1, y_2, \cdots, y_n) = n! f(y_1) f(y_2) \cdots f(y_n), \quad y_1 < y_2 < \cdots < y_n.$$

4.1.2 分位数估计

设总体分布函数为 $F(x)$, 则 $F(x)$ 的 p 分位数 $\xi_p = \inf\{x : F(x) \geqslant p\}, p \in (0, 1)$. 特别地, $\xi_{0.5}$ 表示分布的中位数. 当总体分布未知时, 对于 ξ_p 的估计就可以采用样本次序统计量进行估计, 即采用样本的 p 分位数作为总体的 p 分位数估计.

定义 4.2 设 $X_1, X_2, \cdots, X_n$ 是来自总体 $F(x)$ 的独立同分布样本, 其经验分布函数为 $F_n(x) = n^{-1} \sum\limits_{i=1}^{n} I(X_i \leqslant x)$, 则称 $\hat{\xi}_{n,p} = \inf\{x : F_n(x) \geqslant p\}$ 为样本的 p 分位数.

实际应用中, 可采用如下公式计算样本 p 分位数的值:

$$\hat{\xi}_{n,p} = \begin{cases} X_{(k)}, & \dfrac{k}{n+1} = p, \\ X_{(k)} + (X_{(k+1)} - X_{(k)})[(n+1)p - k], & \dfrac{k}{n+1} < p < \dfrac{k+1}{n+1}. \end{cases}$$

在 R 软件中 sort 函数提供了排序功能, 而 rank 函数可以计算样本的秩, quantile 函数可以计算样本 p 分位数的值. 关于 $\hat{\xi}_{n,p}$ 有以下两个渐近性质.

定理 4.1 设总体分布 $F(x)$ 的密度函数 $f(x)$ 在 ξ_p 处连续, 且 $f(\xi_p) > 0$, 则样本分位数 $\hat{\xi}_{n,p}$ 有渐近正态分布 $N\left(\xi_p, p(1-p) / \left[nf^2(\xi_p)\right]\right)$.

定理 4.2 对 $0 < p < 1, \xi_p$ 是满足 $F(x) \geqslant p, F(x-0) \leqslant p$ 的总体 $F(x)$ 的 p 分位数. 如果 ξ_p 是唯一的, 则当 $n \to \infty$ 时, $\hat{\xi}_{n,p} \to \xi_p$, a.s..

关于定理 4.1 和定理 4.2 的证明可以参考相关文献, 这里省略其证明. 下面主要讨论分位数的区间估计.

1. 大样本区间估计

对于大样本的情况, 我们可以采用样本 p 分位数 $\hat{\xi}_{n,p}$ 的渐近正态性构造置信区间. 在给定置信水平 $\alpha > 0$ 时, 令 $z_{1-\alpha/2}$ 表示标准正态分布的 $1 - \alpha/2$ 分位数, 即 $\Phi(z_{1-\alpha/2}) = 1 - \alpha/2$. 在 R 软件中 qnorm 函数可以计算任意正态分布的分位数. 根据定理 4.1 可知

$$\lim_{n \to \infty} P\left\{ |\hat{\xi}_{n,p} - \xi_p| \leqslant \frac{z_{1-\alpha/2} \sqrt{p(1-p)}}{\sqrt{n} f(\xi_p)} \right\} = 1 - \alpha.$$

由于 $f(\cdot)$ 和 ξ_p 未知, 因此需要采用 $\hat{\xi}_{n,p}$ 估计 ξ_p, 而对于 $f(\cdot)$ 的估计需要采用非参数的概率密度函数估计方法, 这里记得到的估计为 $\hat{f}_n(\cdot)$. 若 $\hat{f}_n(\cdot)$ 具有相合性, 则利用上式有

$$\lim_{n\to\infty} P\left\{ |\hat{\xi}_{n,p} - \xi_p| \leqslant \frac{z_{1-\alpha/2}\sqrt{p(1-p)}}{\sqrt{n}\hat{f}_n(\hat{\xi}_{n,p})} \right\} = 1 - \alpha.$$

易知, $\hat{\xi}_{n,p} \pm z_{1-\alpha/2}\sqrt{p(1-p)}\big/\left(\sqrt{n}\hat{f}_n(\hat{\xi}_{n,p})\right)$ 为 ξ_p 的一个区间估计. 该估计只有在大样本时才有用, 因为样本太小会导致概率密度函数 $f(\cdot)$ 的估计不准确. 当样本量较小时, 可以采用下面介绍的方法.

2. 小样本区间估计

设 $X_1, X_2, \cdots, X_n$ 是来自连续分布 $F(x)$ 的一个样本. $X_{(1)} \leqslant X_{(2)} \leqslant \cdots \leqslant X_{(n)}$ 为样本的次序统计量. 下面求 p 分位数 ξ_p 的形如 $[X_{(r)}, X_{(s)}]$ 的置信区间, 即求最大整数 r 和最小整数 s, 使得

$$P\left\{ X_{(r)} \leqslant \xi_p \leqslant X_{(s)} \right\} \geqslant 1 - \alpha. \tag{4.1}$$

记 $Y = \sum\limits_{i=1}^{n} I(X_i \leqslant \xi_p)$, 显然 Y 服从二项分布 $B(n,p)$, 其中 $p = P(X_i \leqslant \xi_p)$. 由于事件 $\left\{ X_{(r)} \leqslant \xi_p \leqslant X_{(s)} \right\}$ 与事件 $\{ r \leqslant Y \leqslant s \}$ 等价, 因此

$$P\left\{ X_{(r)} \leqslant \xi_p \leqslant X_{(s)} \right\} = P\{ r \leqslant Y \leqslant s \} = P\{Y \leqslant s\} - P\{Y < r\}$$

$$= \sum_{i=0}^{s} \binom{n}{i} p^i (1-p)^{n-i} - \sum_{i=0}^{r-1} \binom{n}{i} p^i (1-p)^{n-i}. \tag{4.2}$$

在实际应用中, 我们可以选取最大的 r 和最小的 s, 使得

$$\sum_{i=0}^{r-1} \binom{n}{i} p^i (1-p)^{n-i} \leqslant \frac{\alpha}{2}, \tag{4.3}$$

$$\sum_{i=0}^{s} \binom{n}{i} p^i (1-p)^{n-i} \geqslant 1 - \frac{\alpha}{2}. \tag{4.4}$$

因此

$$P\left\{X_{(r)} \leqslant \xi_p \leqslant X_{(s)}\right\} \geqslant 1 - \frac{\alpha}{2} - \frac{\alpha}{2} = 1 - \alpha.$$

对于单侧置信区间 $[X_{(r)}, \infty)$ 或 $(-\infty, X_{(s)}]$, 只需将 (4.3) 式和 (4.4) 式中的 $\alpha/2$ 换成 α 即可. 当 $n \leqslant 20$ 时, 对于给定的 p, α, 可以通过 R 软件中的 qbinom 函数计算 r 和 s. 而当样本量 n 较大但 p 不太接近于 0 或 1 时, 也可以采用经过连续性修正的正态分布进行逼近 (4.3) 式左边之和, 即

$$\sum_{i=0}^{r-1} \binom{n}{i} p^i (1-p)^{n-i} \approx \Phi\left(\frac{r - 0.5 - np}{\sqrt{np(1-p)}}\right) \leqslant \frac{\alpha}{2}.$$

由此可取 $r = \left\lfloor np + 0.5 + z_{\alpha/2}\sqrt{np(1-p)} \right\rfloor$ ($\lfloor x \rfloor$ 表示小于等于 x 的最大正整数). 同理有 $s = \left\lceil np - 0.5 - z_{\alpha/2}\sqrt{np(1-p)} \right\rceil$ ($\lceil x \rceil$ 表示大于等于 x 的最小正整数).

在 R 软件中 binom.test 函数提供了二项检验、分位数检验和符号检验.

4.2　U 统计量

U 统计量主要用于构造总体分布的数字特征的一致最小方差无偏估计的假设检验. 本节主要介绍单样本和两样本 U 统计量的渐近分布.

4.2.1　单样本 U 统计量

定义 4.3　对分布 F 的参数 θ, 如果存在样本量为 m 的样本 $X_1, X_2, \cdots, X_m$ 的统计量 $h(X_1, X_2, \cdots, X_m)$, 使 $E_F[h(X_1, X_2, \cdots, X_m)] = \theta, \forall F \in \mathcal{F}$, 则称参数 θ 对分布族 $\mathcal{F}$ 是 m 可估的, 其中 $E_F[h(\cdot)]$ 表示 $h(\cdot)$ 在 F 下的期望值.

使 $E_F[h(X_1, X_2, \cdots, X_m)] = \theta$ 成立的最小 m 称为可估参数 θ 的自由度, 而对应的 $h(X_1, X_2, \cdots, X_m)$ 为 θ 的核. 一般地要求核有对称的形式, 即对 $(1, 2, \cdots, k)$ 的任何一个排列 $(i_1, i_2, \cdots, i_m)$, 有 $h(x_1, x_2, \cdots, x_m) = h(x_{i_1}, x_{i_2}, \cdots, x_{i_m})$. 当核本身不对称时, 可以通过以下方法构造对称的核函数

$$h^*(x_1, x_2, \cdots, x_m) = \frac{1}{m!} \sum_{(i_1, i_2, \cdots, i_m)} h(x_{i_1}, x_{i_2}, \cdots, x_{i_m}), \tag{4.5}$$

其中 $\displaystyle\sum_{(i_1, i_2, \cdots, i_m)}$ 表示对一切组合 $(i_1, i_2, \cdots, i_m)$ 求和. 此时 (4.5) 式是满足定义 4.3 要求的对称核.

定义 4.4　设 $X_1, X_2, \cdots, X_n$ 是来自总体 $F(x)$ 的样本, m 可估参数 θ 有对称核函数 $h(X_1, X_2, \cdots, X_m)$, 则称

$$U_n \equiv U(X_1, X_2, \cdots, X_n) = \begin{pmatrix} n \\ m \end{pmatrix}^{-1} \sum_{1 \leqslant i_1 < \cdots < i_m \leqslant n} h(X_{i_1}, X_{i_2}, \cdots, X_{i_m}) \quad (4.6)$$

为参数 θ 的 U 统计量, 其中 $\sum$ 表示对所有满足 $1 \leqslant i_1 < \cdots < i_m \leqslant n$ 的组合 $(i_1, i_2, \cdots, i_m)$ 求和.

需要注意的是, 统计量 U_n 是 θ 的一致最小方差无偏估计 (uniform minimum variance unbiased estimation, UMVUE). 它的表达式不依赖于 $X_1, X_2, \cdots, X_n$ 的排列次序, 只依赖于 $X_1, X_2, \cdots, X_n$ 的次序统计量, 即 U_n 是 $X_{(1)}, \cdots, X_{(n)}$ 的函数. 对常见的非参数分布族, $(X_{(1)}, \cdots, X_{(n)})$ 大多数是完备充分统计量.

1. U 统计量的方差

定理 4.3　设 $X_1, X_2, \cdots, X_n$ 是取自分布族 $\mathcal{F} = \{F(\theta), \theta \in \Theta\}$ 的简单随机样本, θ 是 m 可估参数, $U(X_1, X_2, \cdots, X_n)$ 是 θ 的 U 统计量, 它的核是 $h(X_1, X_2, \cdots, X_m)$, 则有

$$E\left[U(X_1, X_2, \cdots, X_n)\right] = \theta,$$

$$\mathrm{Var}\left[U(X_1, X_2, \cdots, X_n)\right] = \begin{pmatrix} n \\ m \end{pmatrix}^{-1} \sum_{c=1}^{m} \begin{pmatrix} m \\ c \end{pmatrix} \begin{pmatrix} n-m \\ m-c \end{pmatrix} \sigma_c^2,$$

其中 $\sigma_c^2 = \mathrm{Var}\left[h_c(X_1, X_2, \cdots, X_c)\right], c = 1, 2, \cdots, m$.

证明　已知 $\theta = E_F\left[h(X_1, X_2, \cdots, X_m)\right]$, 则 $E(U_n) = \theta$. 假设 $\theta = 0$, 否则取 $h - \theta$ 代 h. 对 $c = 1, 2, \cdots, m$, 令

$$h_c(x_1, x_2, \cdots, x_c) = E\left[h(X_1, X_2, \cdots, X_m) | X_1 = x_1, X_2 = x_2, \cdots, X_c = x_c\right],$$
$$(4.7)$$

则由 $\theta = 0$, 有

$$E\left[h_c(X_1, X_2, \cdots, X_c)\right] = E\left\{E\left[h(X_1, X_2, \cdots, X_m) | X_1, X_2, \cdots, X_c\right]\right\},$$
$$= E\left[h(X_1, X_2, \cdots, X_m)\right] = 0. \quad (4.8)$$

记

$$\sigma_c^2 = \mathrm{Var}\left[h_c(X_1, X_2, \cdots, X_c)\right], \quad c = 1, 2, \cdots, m. \quad (4.9)$$

由假定的 $\theta = 0$ 和 (4.7) 式可知

$$\sigma_c^2 = E\left[h_c^2(X_1, X_2, \cdots, X_c)\right]$$

$$\leqslant E\left[E\left(h_c^2(X_1, X_2, \cdots, X_m)|X_1, X_2, \cdots, X_c\right)\right]$$

$$= E\left[h_c^2(X_1, X_2, \cdots, X_m)\right] \leqslant \infty.$$

又

$$\mathrm{Var}(U_n) = \binom{n}{m}^{-2} \sum E\left(h(X_{i_1}, X_{i_2}, \cdots, X_{i_m}), h(X_{j_1}, X_{j_2}, \cdots, X_{j_m})\right),$$

其中 $1 \leqslant i_1 < \cdots < i_m \leqslant n, 1 \leqslant j_1 < \cdots < j_m \leqslant n$, $\sum$ 是对所有的组合 $(i_1, \cdots, i_m)$ 与 $(j_1, \cdots, j_m)$ 求和. 如果 $(i_1, \cdots, i_m)$ 与 $(j_1, \cdots, j_m)$ 没有公共元素, 则由独立性和 $\theta = 0$ 知, $E\left(h(X_{i_1}, X_{i_2}, \cdots, X_{i_m}), h(X_{j_1}, X_{j_2}, \cdots, X_{j_m})\right) = 0$. 如果两集合恰好有 c 个元素相同, 根据 h 的对称性, 假定公共元为 $1, \cdots, c$. 这时有

$$E\left(h(X_{i_1}, X_{i_2}, \cdots, X_{i_m})h(X_{j_1}, X_{j_2}, \cdots, X_{j_m})\right)$$

$$= E\left[E\left(h(X_{i_1}, X_{i_2}, \cdots, X_{i_m})h(X_{j_1}, X_{j_2}, \cdots, X_{j_m})|X_1, X_2, \cdots, X_c\right)\right]$$

$$= E[E\left(h(X_{i_1}, X_{i_2}, \cdots, X_{i_m})|X_1, X_2, \cdots, X_c\right)$$

$$\times E\left(h(X_{j_1}, X_{j_2}, \cdots, X_{j_m})|X_1, X_2, \cdots, X_c\right)]$$

$$= E\left[h_c^2(X_1, X_2, \cdots, X_c)\right] = \sigma_c^2.$$

而这样的项总共有 $\dbinom{n}{m}\dbinom{m}{c}\dbinom{n-m}{m-c}$ 个. 因此有

$$\mathrm{Var}(U_n) = \binom{n}{m}^{-2}\sum_{c=1}^m \binom{n}{m}\binom{m}{c}\binom{n-m}{m-c}\sigma_c^2$$

$$= \binom{n}{m}^{-1}\sum_{c=1}^m \binom{m}{c}\binom{n-m}{m-c}\sigma_c^2. \qquad\qquad 证毕.$$

2. *U* 统计量的相合性

定理 4.4 设 $h(x_1, x_2, \cdots, x_m)$ 为对称函数, U_n 为以 h 为核函数的基于样本 $X_1, X_2, \cdots, X_n$ 的 *U* 统计量, 设 $E\left[h_c^2(X_1, X_2, \cdots, X_m)\right] \leqslant \infty, E[h(X_1, X_2, \cdots, X_m)] = \theta$, 则有

$$\lim_{n \to \infty} E\left(U_n - \theta\right)^2 = 0,$$

$$U_n \xrightarrow{P} \theta, \quad n \to \infty.$$

证明　由定理 4.4 可知

$$\text{Var}(U_n) = \sum_{c=1}^{m} \binom{m}{c} \frac{m!}{(m-c)!} \frac{(n-m)(n-m-1)\cdots(n-2m+c+1)}{n(n-1)\cdots(n-m+1)} \sigma_c^2.$$

又因为 $(n-m)(n-m-1)\cdots(n-2m+c+1), n(n-1)\cdots(n-m+1)$ 分别是 n 的 $m-c$ 次和 m 次多项式, 所以

$$\text{Var}(U_n) = \sum_{c=1}^{m} \binom{m}{c} \frac{m!}{(m-c)!} \left[n^{-c} + O(n^{-c-1})\right] \sigma_c^2$$

$$= m^2 \left[n^{-1} + O(n^{-2})\right] \sigma_1^2 + \sum_{c=2}^{m} \binom{m}{c} \frac{m!}{(m-c)!} \left[n^{-c} + O(n^{-c-1})\right] \sigma_c^2$$

$$= \frac{m^2}{n} \sigma_1^2 + O(n^{-2}). \tag{4.10}$$

故有 $\lim\limits_{n \to \infty} \text{Var}(U_n) = 0$, 即 $\lim\limits_{n \to \infty} E\left(U_n - \theta\right)^2 = 0$ 或 $U_n \xrightarrow{P} \theta, n \to \infty$.　　　证毕.

3. U 统计量的渐近分布

定理 4.5　设 U_n 是以 $h(x_1, x_2, \cdots, x_m)$ 为 (对称) 核的 U 统计量, 如果 $h(X_1, \cdots, X_m)$ 的数学期望存在且方差有限, 则

$$\sqrt{n}\left(U_n - \theta\right) \xrightarrow{D} N\left(0, m^2\sigma_1^2\right), \quad n \to \infty,$$

其中 $\sigma_1^2 > 0, \sigma_1^2$ 由 (4.7) 式和 (4.9) 式确定.

证明　不妨设 $\theta = 0$, 否则取 $h - \theta$ 代替 h. 令

$$W_n = \sqrt{n} U_n, \quad V_n = \frac{m}{\sqrt{n}} \sum_{i=1}^{n} h_1(X_i).$$

显然, $h(X_1), h(X_2), \cdots, h(X_n)$ 独立同分布, 其中函数 $h_1(\cdot)$ 由 (4.7) 式确定, 根据中心极限定理可知

$$V_n \xrightarrow{D} N(0, m^2\sigma_1^2), \quad n \to \infty.$$

下面只需证: 当 $n \to \infty$ 时, $(W_n - V_n) \xrightarrow{P} 0$. 由于 $E(W_n - V_n) = 0$, 故只需证明 $\lim\limits_{n \to \infty} \text{Var}\left(W_n - V_n\right) = 0$. 经计算可得

$$\mathrm{Var}\,(W_n - V_n) = n\mathrm{Var}\,(U_n) + \mathrm{Var}\,(V_n) - 2\mathrm{cov}\,(W_n, V_n).$$

由 (4.10) 式, 并注意到 $h(X_1)$ 的方差为 σ_1^2, 有

$$\lim_{n\to\infty} n\mathrm{Var}(U_n) = m^2\sigma_1^2, \quad \mathrm{Var}(V_n) = m^2\mathrm{Var}(h_1(X_1)) = m^2\sigma_1^2.$$

又

$$\mathrm{cov}\,(W_n, V_n) = E\,(W_n V_n) = m\sum_{i=1}^n E\,(U_n h_1(X_i)) = mnE\,(U_n h_1(X_i))$$

$$= mn\binom{n}{m}^{-1} \sum_{1\leqslant i_1 < \cdots < i_m \leqslant n} E\,(U_n h(X_{i_1}, \cdots, X_{i_m}) h_1(X_1)).$$

注意到 $\theta = 0$, 如果 $i_1 = 1$, 则 $E\,[E\,(h(X_{i_1}, \cdots, X_{i_m}) h_1(X_1))\,|X_1] = E\,(h_1^2(X_1)) = \sigma_1^2$, 显然, 这种项的数目为 $\binom{n-1}{m-1}$. 如果 $i_1 > 1$, 则该项为 0, 由此可知

$$\mathrm{cov}\,(W_n, V_n) = mn\binom{n}{m}^{-1}\binom{n-1}{m-1}\sigma_1^2 = m^2\sigma_1^2.$$

综上所述, 有 $\lim_{n\to\infty} \mathrm{Var}\,(W_n - V_n) = 0$ 成立. 　　　　证毕.

根据定理 4.5 和 Slutsky 定理可以得到下面的定理 4.6.

定理 4.6 在定理 4.5 的条件下, 有

$$\frac{U_n - \theta}{\sqrt{\mathrm{Var}(U_n)}} \xrightarrow{D} N\,(0, 1), \quad n\to\infty.$$

4.2.2 两样本 U 统计量

定义 4.5 设样本 $X_1, X_2, \cdots, X_{n_1}$ 和 $Y_1, Y_2, \cdots, Y_{n_2}$ 分别来自两个独立的总体 X 和 Y. 设 $h(X_1, \cdots, X_{m_1}; Y_1, \cdots, Y_{m_2})$ 对 $X_1, X_2, \cdots, X_{m_1}$ 和 $Y_1, Y_2, \cdots, Y_{m_2}$ 分别对称, 令

$$U_{n_1 n_2} = \binom{n_1}{m_1}^{-1}\binom{n_2}{m_2}^{-1} \sum h(X_{i_1}, \cdots, X_{i_{m_1}}; Y_{j_1}, \cdots, Y_{j_{m_2}}), \quad (4.11)$$

其中 $\sum$ 是对所有满足 $1\leqslant i_1 < \cdots < i_{m_1} \leqslant n_1, 1\leqslant j_1 < \cdots < j_{m_2} \leqslant n_2$ 的组合 $(i_1, \cdots, i_{m_1})$ 与 $(j_1, \cdots, j_{m_2})$ 求和, 则称 $U_{n_1 n_2}$ 是以 $h(X_1, \cdots, X_{m_1}; Y_1, \cdots, Y_{m_2})$ 为核的两样本 U 统计量.

1. 两样本 U 统计量的方差

设 $E\left[h(X_1,\cdots,X_{m_1};Y_1,\cdots,Y_{m_2})\right]=\theta$, 则 $E(U_{n_1n_2})=\theta$. 与单样本的情形相似, 可得 U 统计量的方差, 令

$$h_{cd}(x_1,\cdots,x_c;y_1,\cdots,y_d)$$
$$=E\left[h(X_1,\cdots,X_{m_1};Y_1,\cdots,Y_{m_2})|X_1=x_1,\cdots,X_c=x_c;Y_1=y_1,\cdots,Y_d=y_d\right],$$
$$\sigma_{cd}^2=\mathrm{Var}\left[h_{cd}(X_1,X_2,\cdots,X_c;Y_1,Y_2,\cdots,Y_d)\right], \tag{4.12}$$

其中 $c=0,1,\cdots,m_1, d=0,1,\cdots,m_2, \sigma_{00}^2=0$. 则

$$\mathrm{Var}(U_{n_1n_2})=\binom{n_1}{m_1}^{-1}\binom{n_2}{m_2}^{-1}$$
$$\times\sum_{c=0}^{m_1}\sum_{d=0}^{m_2}\binom{m_1}{c}\binom{n_1-m_1}{m_1-c}\binom{m_2}{d}\binom{n_2-m_2}{m_2-d}\sigma_{cd}^2.$$

2. 两样本 U 统计量的渐近分布

定理 4.7 对于两样本 U 统计量 $U_{n_1n_2}$, 如果核 $h(X_1,\cdots,X_{m_1};Y_1,\cdots,Y_{m_2})$ 的数学期望为 θ 且方差有限, $\sigma_{10}^2>0, \sigma_{01}^2>0, \sigma_{cd}^2$ 如 (4.12) 式定义, 记 $n=n_1+n_2$ 和

$$\sigma_{n_1n_2}^2=n\left(\frac{m_1^2}{n_1}\sigma_{10}^2+\frac{m_2^2}{n_2}\sigma_{01}^2\right),$$

则当 $n_1\to\infty, n_2\to\infty$ 时, 有

$$\frac{\sqrt{n}\left(U_{n_1n_2}-\theta\right)}{\sigma_{n_1n_2}}\xrightarrow{D}N(0,1)\Leftrightarrow\frac{U_{n_1n_2}-\theta}{\mathrm{Var}(U_{n_1n_2})}\xrightarrow{D}N(0,1).$$

证明与单样本情况相似, 感兴趣的读者可以参考相关文献.

根据 U 统计量的渐近分布, 我们容易构造分布函数对称中心 (即 0.5 分位点) 的检验问题和两样本的位置参数 (类似方差相等的两正态总体的均值检验) 的检验问题. 限于篇幅, 感兴趣的读者可以参考相关文献.

4.3 秩 检 验

由于线性秩统计量具有完备的大样本理论, 也是构成常用秩检验的主体, 本节主要介绍线性秩统计量的定义及其相关性质以及常用的符号秩检验方法.

4.3.1 线性秩统计量

定义 4.6 设 $X_1, X_2, \cdots, X_n$ 为样本 (不必独立或同分布), 其值两两不同. 记

$$R_i = \sum_{j=1}^{n} I(X_j \leqslant X_i), \quad i = 1, 2, \cdots, n,$$

则称 R_i 为 X_i 在样本 $X_1, X_2, \cdots, X_n$ 的秩. 若 $X_{(1)} < X_{(2)} < \cdots < X_{(n)}$ 为 $X_1, X_2, \cdots, X_n$ 的次序统计量, X_i 是第 R_i 个次序统计量, 即 $X_{(R_i)} = X_i$, 令 $R = (R_1, R_2, \cdots, R_n)$, 那么 R 或其部分分量称为样本的秩统计量. 更进一步, R 的任何已知函数也称为秩统计量, 如 $\sum_{i=1}^{n} i^2 R_i$ 等.

定义 4.7 设 $X_1, X_2, \cdots, X_n$ 为样本, 其对应的秩向量记为 $R = (R_1, R_2, \cdots, R_n)$. 又 $c_1, c_2, \cdots, c_n$ 和 $a(1), a(2), \cdots, a(n)$ 是两组常数, 组内的 n 个数不全相等. 定义统计量

$$L = \sum_{i=1}^{n} c_i a(R_i),$$

则称 L 为 R 的线性秩统计量, 称 $c_1, c_2, \cdots, c_n$ 为回归常数, 称 $a(1), a(2), \cdots, a(n)$ 为得分 (score).

下文总假设样本 $X_1, X_2, \cdots, X_n$ 是独立同分布的, 其公共分布函数 $F(x)$ 处处连续. 后面这个条件保证了: 以概率 1, $X_1, X_2, \cdots, X_n$ 互不相同, 因而秩的意义确定, 且 $R_1, R_2, \cdots, R_n$ 取 1 到 n 的值仅且 1 次.

定理 4.8 设 $r_1, r_2, \cdots, r_n$ 为 $1, 2, \cdots, n$ 的任一置换 (这样的置换共 $n!$ 个), 则

$$P\left\{(R_1, R_2, \cdots, R_n) = (r_1, r_2, \cdots, r_n)\right\} = \frac{1}{n!}.$$

证明 找 i_k, 使 $r_{i_k} = k, k = 1, 2, \cdots, n$, 则 $(i_1, i_2, \cdots, i_n)$ 为 $(1, 2, \cdots, n)$ 的一个置换. 又因为 $X_1, X_2, \cdots, X_n$ 独立同分布, 故 $(X_{i_1}, X_{i_2}, \cdots, X_{i_n})$ 与 $(X_1, X_2, \cdots, X_n)$ 同分布. 记 $\widetilde{R}_j$ 为 X_{i_j} 在 $X_{i_1}, X_{i_2}, \cdots, X_{i_n}$ 的秩, 因此 $(\widetilde{R}_1, \widetilde{R}_2, \cdots, \widetilde{R}_n)$ 与 $(R_1, R_2, \cdots, R_n)$ 同分布, 故

$$P\left\{(R_1, R_2, \cdots, R_n) = (r_1, r_2, \cdots, r_n)\right\}$$
$$= P\left\{(\widetilde{R}_1, \widetilde{R}_2, \cdots, \widetilde{R}_n) = (r_{i_1}, r_{i_2}, \cdots, r_{i_n})\right\}$$
$$= P\left\{(\widetilde{R}_1, \widetilde{R}_2, \cdots, \widetilde{R}_n) = (1, 2, \cdots, n)\right\}$$

$$=P\left\{(R_1, R_2, \cdots, R_n) = (1, 2, \cdots, n)\right\}.$$

对任意的 $(r_1, r_2, \cdots, r_n)$, 上式都成立. 又因为最后一个概率与 $(r_1, r_2, \cdots, r_n)$ 无关, 所以对任意的 $(r_1, r_2, \cdots, r_n)$, 这个概率均相等. 而所有这样的事件互不相容且它们的和是必然事件, 该事件的概率为 $1/n!$.   证毕.

定理 4.8 的作用在于当样本为独立同分布且分布连续时, 秩的分布与总体无关.

定理 4.9 秩向量 $R = (R_1, R_2, \cdots, R_n)$ 的边缘分布是均匀分布. 特别地, 一维边缘分布有

$$P\left\{R_i = r\right\} = \frac{1}{n}, \quad r = 1, 2, \cdots, n.$$

对于二维边缘分布, 当 $i \neq j$ 时有

$$P\left\{R_i = r, R_j = s\right\} = \frac{1}{n(n-1)},$$

$$r, s = 1, 2, \cdots, n, \quad r \neq s, \quad i, j = 1, 2, \cdots, n, \quad i \neq j.$$

证明可参考相关文献.

由定理 4.8 和定理 4.9 可知, 当 $X_1, X_2, \cdots, X_n$ 是独立同分布, 且分布连续时, 其秩向量 $R = (R_1, R_2, \cdots, R_n)$ 在集合

$$\mathfrak{R} = \left\{(r_1, r_2, \cdots, r_n) : (r_1, r_2, \cdots, r_n) \text{ 是 } (1, 2, \cdots, n) \text{ 的排列}\right\} \tag{4.13}$$

上的分布是均匀分布, 边缘分布也是均匀分布.

一般而言, 对于线性秩统计量 $L = \sum_{i=1}^{n} c_i a(R_i)$, 有 $P\{L = a\} = \dfrac{d_a}{n!}$, 其中 d_a 表示 $n!$ 个数 $\sum_{i=1}^{n} c_i a(r_i)$ 中等于 a 的个数, $(r_1, r_2, \cdots, r_n)$ 取遍 $(1, 2, \cdots, n)$ 的一切置换. 当样本量较大时, 通常采用极限分布代替. 由定理 4.9 可以得到如下的推论.

推论 4.1 对于简单随机样本, 有

$$E(R_i) = \frac{n+1}{2},$$

$$\mathrm{Var}(R_i) = \frac{(n+1)(n-1)}{12},$$

$$\mathrm{cov}(R_i, R_j) = -\frac{n+1}{12}$$

成立.

证明　易知

$$E(R_i) = \sum_{i=1}^{n} i \cdot \frac{1}{n} = \frac{n+1}{2}, \quad \mathrm{Var}(R_i) = \sum_{i=1}^{n} i^2 \cdot \frac{1}{n} - [E(R_i)]^2 = \frac{(n+1)(n-1)}{12},$$

$$\mathrm{cov}(R_i, R_j) = E\left[(R_i - E(R_i))(R_j - E(R_j))\right]$$

$$= \sum_{i \neq j} \sum \left[\left(i - \frac{n+1}{2}\right)\left(j - \frac{n+1}{2}\right)\frac{1}{n(n-1)}\right]$$

$$= \frac{1}{n(n-1)}\left[\sum_{i=1}^{n}\sum_{j=1}^{n}\left(i - \frac{n+1}{2}\right)\left(j - \frac{n+1}{2}\right) - \sum_{j=1}^{n}\left(j - \frac{n+1}{2}\right)^2\right]$$

$$= -\frac{n+1}{12}. \qquad\qquad\qquad 证毕.$$

定理 4.10　假设秩向量 $R = (R_1, R_2, \cdots, R_n)$ 的线性秩统计量为 $L = \sum_{i=1}^{n} c_i a(R_i)$, 则

$$E(L) = n\overline{c}\,\overline{a}, \quad \mathrm{Var}(L) = \frac{1}{n-1}\left\{\sum_{i=1}^{n}[a(i) - \overline{a}]^2\right\}\left\{\sum_{i=1}^{n}[c_i - \overline{c}]^2\right\},$$

其中 $\overline{c} = \frac{1}{n}\sum_{i=1}^{n} c_i, \overline{a} = \sum_{i=1}^{n} a(i)$.

证明　根据定义计算可得

$$E[a(R_i)] = \sum_{k=1}^{n} a(k)P\{R_i = k\} = \overline{a},$$

$$\mathrm{Var}(a(R_i)) = \sum_{i=1}^{n}[a(k) - \overline{a}]^2 P\{R_i = k\} = \frac{1}{n}\sum_{k=1}^{n}[a(k) - \overline{a}]^2,$$

$$\mathrm{cov}(a(R_i), a(R_j)) = \sum_{k \neq l}^{n}[a(k) - \overline{a}][a(l) - \overline{a}]P\{R_i = k, R_j = l\}$$

$$= \frac{1}{n(n-1)}\sum_{k \neq l}^{n}[a(k) - \overline{a}][a(l) - \overline{a}]$$

$$= \frac{1}{n(n-1)}\left\{\sum_{k=1}^{n}\sum_{l=1}^{n}[a(k)-\overline{a}][a(l)-\overline{a}]-\sum_{k=1}^{n}[a(k)-\overline{a}]^2\right\}$$

$$= \frac{1}{n(n-1)}\sum_{k=1}^{n}[a(k)-\overline{a}]^2.$$

因此, 我们有

$$E(L)=\sum_{k=1}^{n}c_i\overline{a}=n\overline{a},$$

则线性秩统计量的方差为

$$\text{Var}(L)=\sum_{i=1}^{n}c_i^2\text{Var}(a(R_i))+\sum_{i\neq j}c_ic_j\text{cov}(a(R_i),a(R_j))$$

$$=\sum_{i=1}^{n}c_i^2\left\{\frac{1}{n}\sum_{k=1}^{n}[a(k)-\overline{a}]^2\right\}+\sum_{i\neq j}c_ic_j\left\{-\frac{1}{n(n-1)}\sum_{k=1}^{n}[a(k)-\overline{a}]^2\right\}$$

$$=\frac{1}{n(n-1)}\sum_{k=1}^{n}[a(k)-\overline{a}]^2\left\{(n-1)\sum_{i=1}^{n}c_i^2-\sum_{i\neq j}c_ic_j\right\}$$

$$=\frac{1}{n(n-1)}\sum_{k=1}^{n}[a(k)-\overline{a}]^2\left\{n\sum_{i=1}^{n}c_i^2-\sum_{i=1}^{n}\sum_{j=1}^{n}c_ic_j\right\}$$

$$=\frac{1}{n(n-1)}\sum_{k=1}^{n}[a(k)-\overline{a}]^2\left\{n\sum_{i=1}^{n}c_i^2-n^2\overline{c}^2\right\}$$

$$=\frac{1}{n-1}\left\{\sum_{k=1}^{n}[a(k)-\overline{a}]^2\right\}\left\{\sum_{i=1}^{n}[c_i-\overline{c}]^2\right\}. \qquad\text{证毕.}$$

定理 4.11　对线性秩统计量 $L=\sum_{i=1}^{n}c_ia(R_i)$, 如果下面两条件至少成立一个:

(1) $a(i)+a(n+1-i)=a(1)+a(n), i=1,2,\cdots,n$;

(2) $c_i+c_{n+1-i}=c_1+c_n, i=1,2,\cdots,n$.

则 L 的分布关于其期望 $n\overline{a}\overline{c}$ 对称.

证明　根据定理 4.8 可知

$$(n+1-R_1,n+1-R_2,\cdots,n+1-R_n)\overset{d}{=}(R_1,R_2,\cdots,R_n), \qquad (4.14)$$

(4.14) 式表示两者具有相同分布. 若定理 4.11 中的条件 (1) 成立, 则 $a(1) + a(n) = 2\bar{a}$, 于是有 $a(R_i) - \bar{a} = \bar{a} - a(n + 1 - R_i)$. 故

$$L - n\bar{a}\bar{c} = \sum_{i=1}^{n} c_i \left[a(R_i) - \bar{a} \right] = \sum_{i=1}^{n} c_i \left[\bar{a} - a(n + 1 - R_i) \right]$$

$$\stackrel{d}{=} \sum_{i=1}^{n} c_i \left[\bar{a} - a(R_i) \right] = n\bar{a}\bar{c} - L,$$

即 $L - n\bar{a}\bar{c}$ 与 $-(L - n\bar{a}\bar{c})$ 同分布, 因而 $L - n\bar{a}\bar{c}$ 的分布关于 0 对称. 即说明 L 的分布是关于其期望 $n\bar{a}\bar{c}$ 对称的. 同理可证当定理 4.11 中的条件 (2) 成立的情况.

证毕.

在介绍线性秩统计量的渐近正态性之前, 作出以下说明, 由于需要考虑样本大小 $n \to \infty$ 的情况, 关于前面使用的符号 $c_i, a(R_i), L$ 都加上脚标 n.

定义 4.8 设对每个自然数 n, 给定了 n 个实数 $c_{n1}, c_{n2}, \cdots, c_{nn}$, 记 $\bar{c}_n = \dfrac{1}{n} \sum_{i=1}^{n} c_{ni}$. 如果当 $n \to \infty$ 时, 有

$$\frac{\max\limits_{1 \leqslant i \leqslant n} (c_{ni} - \bar{c}_n)^2}{\sum\limits_{i=1}^{n} (c_{ni} - \bar{c}_n)^2} \to 0,$$

则称 $\{(c_{n1}, c_{n2}, \cdots, c_{nn}) : n = 1, 2, \cdots\}$ 满足条件 N.

定理 4.12 设样本 $X_1, X_2, \cdots, X_n$ 是独立同分布的, 且其公共分布 $F(x)$ 连续, $R = (R_1, R_2, \cdots, R_n)$ 为秩统计量. 考虑线性秩统计量为 $L_n = \sum_{i=1}^{n} c_{ni} a_n(R_i)$, 如果满足下述条件:

(1) $\{(c_{n1}, c_{n2}, \cdots, c_{nn}) : n = 1, 2, \cdots\}$ 满足条件 N;

(2) 存在常数 $b_n \neq 0$ 及函数 $\varphi \in SS$(SS 表示定义在区间 $(0,1)$ 上满足 $\varphi = \varphi_1 - \varphi_2$, φ_1 和 φ_2 为 $(0,1)$ 上都恒不等于常数的非降且平方可积函数类), 使得

$$a_n(i) = b_n \varphi \left(\frac{i}{n+1} \right), \quad i = 1, 2, \cdots, n,$$

则当 $n \to \infty$ 时, 有

$$\frac{L_n - E(L_n)}{\sqrt{\mathrm{Var}(L_n)}} \stackrel{D}{\to} N(0, 1).$$

该定理的证明基于 U 统计量渐近正态性的证明思路, 详细证明可参考相关文献.

4.3.2 符号秩检验

所谓的符号秩检验就是通过正负号的数目对假设作出推断.

定义 4.9 设 $|X_1|, |X_2|, \cdots, |X_n|$ 的值互不相同, 记 $\Psi_i = I(X_i > 0), R_i^+ = |X_i|$ 为在 $|X_1|, |X_2|, \cdots, |X_n|$ 中的秩, $i = 1, 2, \cdots, n$, 则称

$$R^+ = (\Psi_1 R_1^+, \Psi_2 R_2^+, \cdots, \Psi_n R_n^+)$$

为样本 $X_1, X_2, \cdots, X_n$ 的符号秩统计量. 同样地, 由 R^+ 派生的统计量也是符号秩统计量, 其一般形式为

$$L_n^+ = \sum_{i=1}^n \Psi_i a(R_i^+), \tag{4.15}$$

称为线性符号秩统计量, 此处 $a(1), a(2), \cdots, a(n)$ 为一组不全为 0 的非负常数, 称为得分.

定理 4.13 设随机变量 $X_1, X_2, \cdots, X_n$ 独立同分布、分布连续且关于原点对称, 则

$$L_n^+ = \sum_{i=1}^n \Psi_i a(R_i^+) \overset{d}{=} \sum_{i=1}^n \Psi_i a(i).$$

证明 L_n^+ 有如下的表达式:

$$L_n^+ = \sum_{j=1}^n \Psi_j a(R_j^+) \overset{d}{=} \sum_{i=1}^n \Psi_{D_i} a(i),$$

其中当 $R_j^+ = i(i = 1, 2, \cdots, n)$ 时, $D_i = j$, 即 D_i 为 i 在 $R_1^+, R_2^+, \cdots, R_n^+$ 中的位置. 根据定理 4.8 可知, 当 $(R_1^+, R_2^+, \cdots, R_n^+)$ 在集合 $\Re$ 上为均匀分布时, $D = (D_1, D_2, \cdots, D_n)$ 在 $\Re$ 上也为均匀分布. 而

$$P\{\Psi_{D_1} = \psi_1, \Psi_{D_2} = \psi_2, \cdots, \Psi_{D_n} = \psi_n\}$$

$$= \sum_{(d_1, d_2, \cdots, d_n)} P\{\Psi_{D_1} = \psi_1, \Psi_{D_2} = \psi_2, \cdots, \Psi_{D_n} = \psi_n, D = (d_1, d_2, \cdots, d_n)\}$$

$$= \sum_{(d_1, d_2, \cdots, d_n)} P\{\Psi_{D_1} = \psi_1, \Psi_{D_2} = \psi_2, \cdots, \Psi_{D_n} = \psi_n\} P\{D = (d_1, d_2, \cdots, d_n)\}$$

$$= \frac{1}{n!} \sum_{(d_1, d_2, \cdots, d_n)} P\{\Psi_{D_1} = \psi_1, \Psi_{D_2} = \psi_2, \cdots, \Psi_{D_n} = \psi_n\}$$

$$= P\{\Psi_1 = \psi_1, \Psi_2 = \psi_2, \cdots, \Psi_n = \psi_n\},$$

即

$$(\Psi_{D_1}, \Psi_{D_2}, \cdots, \Psi_{D_n}) \stackrel{d}{=} (\psi_1, \psi_2, \cdots, \psi_n).$$

因此有 $L_n^+ \stackrel{d}{=} \sum\limits_{i=1}^{n} \Psi_i a(i)$ 成立. 证毕.

定理 4.14 设随机变量 $X_1, X_2, \cdots, X_n$ 独立同分布、分布连续且关于原点对称, 则

$$E(L_n^+) = \frac{1}{2} \sum_{i=1}^{n} a(i) = \frac{1}{2} n\bar{a},$$

$$\mathrm{Var}(L_n^+) = \frac{1}{4} \sum_{i=1}^{n} a^2(i).$$

证明 根据定理 4.13 和 $\Psi_1, \Psi_2, \cdots, \Psi_n$ 独立同分布, 分布为 0, 1 两点分布, 概率都为 0.5, 即有

$$E(L_n^+) = \sum_{i=1}^{n} a(i) E(\Psi_i) = \frac{1}{2} \sum_{i=1}^{n} a(i) = \frac{1}{2} n\bar{a},$$

$$\mathrm{Var}(L_n^+) = \sum_{i=1}^{n} a^2(i) \mathrm{Var}(\Psi_i) = \frac{1}{4} \sum_{i=1}^{n} a^2(i). \qquad 证毕.$$

定理 4.15 设随机变量 $X_1, X_2, \cdots, X_n$ 独立同分布、分布连续且关于原点对称, 则线性符号秩统计量 L_n^+ 关于 $n\bar{a}/2$ 对称.

证明 易知, 对 L_n^+ 有

$$L_n^+ - \frac{1}{2} n\bar{a} \stackrel{d}{=} \sum_{i=1}^{n} \Psi_i a(i) - \frac{1}{2} n\bar{a} \stackrel{d}{=} \sum_{i=1}^{n} (1 - \Psi_i) a(i) - \frac{1}{2} n\bar{a}$$

$$= \frac{1}{2} n\bar{a} - \sum_{i=1}^{n} \Psi_i a(i) \stackrel{d}{=} \frac{1}{2} n\bar{a} - L_n^+. \qquad 证毕.$$

定理 4.16 设随机变量 $X_1, X_2, \cdots, X_n$ 独立同分布、分布连续且关于原点

对称, $A_n^2 = \sum\limits_{i=1}^{n} a_n^2(i), \{a_n(i)\}$ 满足条件

$$\frac{\max\limits_{1 \leqslant i \leqslant n} a_n^2(i)}{A_n^2} \to 0,$$

则当 $n \to \infty$ 时, 有

$$\frac{L_n^+ - n\bar{a}_n/2}{A_n/2} \xrightarrow{D} N(0,1).$$

证明 根据定理 4.13 知, L_n^+ 与 $\sum\limits_{i=1}^{n} \Psi_i a_n(i)$ 同分布, 又 $E(\Psi_i) = \dfrac{1}{2}, \mathrm{Var}(\Psi_i) = \dfrac{1}{4}$, 根据李雅普诺夫 (Lyapunov) 中心极限定理, 只需证

$$\frac{\sum\limits_{i=1}^{n} E\left(|a_n(i)\Psi_i - a_n(i)/2|^3\right)}{(A_n^2/4)^{3/2}} \to 0,$$

这根据定理中给的条件是容易得到的. 证毕.

在许多情况下, 数据中会存在重复数据, 这时称数据中存在结 (tie). 所谓的结指的是将来自总体 X 的简单随机样本 $X_1, X_2, \cdots, X_n$ 数据排序后, 把相同的数据点称为一个 "结", 而重复数据的个数称为结长. 为此相同数据秩通常采用秩平均法.

定义 4.10 将对于简单随机样本 $X_1, X_2, \cdots, X_n$ 从小到大排序后, 如果 $X_{(1)} = \cdots = X_{(\tau_1)} < X_{(\tau_1+1)} = \cdots = X_{(\tau_1+\tau_2)} < \cdots < X_{(\tau_1+\cdots+\tau_{g-1}+1)} = \cdots = X_{(\tau_1+\cdots+\tau_g)}$, 其中 g 是样本中结的个数, τ_i 是第 i 个结的长度, $(\tau_1, \tau_2, \cdots, \tau_g)$ 是 g 个整数, $\sum\limits_{i=1}^{g} \tau_i = n$, 称 $(\tau_1, \tau_2, \cdots, \tau_g)$ 为结统计量. 第 i 组样本的秩都相同, 是第 i 组样本原秩的平均, 即

$$r_i = \frac{1}{\tau_i}\sum_{k=1}^{\tau_i}(\tau_1 + \cdots + \tau_{i-1} + k) = \tau_1 + \cdots + \tau_{i-1} + \frac{1+\tau_i}{2}. \tag{4.16}$$

4.3.3 非参数检验

由于篇幅有限, 本节仅介绍一些常用的非参数检验在 R 软件中实现的方法, 相关理论性质可以参考相关文献.

1. Wilcoxon 符号秩检验

关于分布函数对称中心的检验, 我们不仅可以采用 U 统计量构造检验, 还可以采用秩方法. 在 R 软件中 wilcox.test 函数不仅提供了 Wilcoxon 符号检验分布函数对称中心的问题, 还提供了 Wilcoxon 秩和检验两总体位置参数的比较问题. 其具体使用方法见表 4.1.

表 4.1 wilcox.test 函数表

wilcox.test(x, y, alternative = c("two.sided", "less", "greater"), mu, paired, conf.level)	
x	需要检验的样本
y	需要检验的样本 (两样本的情形)
alternative	指定备择假设类型, 默认为正负相关检验"two.sided"
mu	指定原假设的可选参数
paired	表示是否需要配对检验, 默认是 FALSE(TRUE 为秩和检验)
conf.level	指定置信水平, 默认为 0.95

2. Wilcoxon 秩和检验

Wilcoxon 秩和检验用于对两总体位置参数的比较, 如两总体的均值或中位数的比较等. R 软件中可使用 wilcox.test 函数.

3. Mood 检验

位置参数描述了总体分布的位置, 而尺度参数描述了总体分布的分散程度, 如方差或标准差就是尺度参数. Mood 检验就是当位置参数相等时, 用于尺度参数的检验问题. 在 R 软件中 mood.test 函数提供了该检验的方法, 具体调用方法见表 4.2.

表 4.2 mood.test 函数表

mood.test(x, y, alternative = c("two.sided", "less", "greater"))	
x	需要检验的样本
y	需要检验的样本 (两样本的情形)
alternative	指定备择假设类型, 默认为正负相关检验"two.sided"

4. Kruskal-Wallis 检验

针对多个独立总体的位置参数比较问题, 可以基于单因素方差分析的方法来解决. Kruskal-Wallis 检验就是一种常用的多个独立总体位置参数 (均值或中位数) 检验的方法. 在 R 软件中 kruskal.test 函数提供了 Kruskal-Wallis 检验, 具体使用方法见表 4.3.

表 4.3　kruskal.test 函数表

kruskal.test(x, g)	
x	数值向量或列表
g	向量或对于 x 的分类因子, 当 x 为列表时, g 可以省略

5. Friedman 检验

当各处理的样本重复数据存在区组之间的差异时, 即各处理的样本之间不互相独立. 如要对比不同花费的增产效果, 优质土地即使不施肥, 其产量可能也比施了优质肥的劣质土地的产量高. 针对完全区组设计的多个相关样本的位置参数检验, 可采用 Friedman 检验. 在 R 软件中 friedman.test 函数提供了 Friedman 检验, 具体使用方法见表 4.4.

表 4.4　friedman.test 函数表

friedman.test(y, groups, blocks)	
y	数值向量或矩阵
groups	y 为向量时 groups 应为对应 y 的组; 当 x 为矩阵时, groups 可以省略
blocks	y 为向量时 blocks 应为对应 y 的块; 当 x 为矩阵时, blocks 可以省略

4.4　相 关 分 析

相关系数作为度量变量之间相关程度的量, 受到广泛的应用. 然而最常用的 Pearson 矩相关系数只能用于度量变量之间的线性相关性, 却不能度量变量之间其他相关关系. 本节重点介绍两种常用的相关系数: Spearman 秩相关系数和 Kendall 相关系数, 两者可以度量更广泛的单调关系 (不一定是线性关系).

4.4.1　Spearman 秩相关检验

假设 $(X_1, Y_1), (X_2, Y_2), \cdots, (X_n, Y_n)$ 是来自二维总体 (X, Y) 的独立同分布样本. 要检验 X 和 Y 是否相关. 即取原假设为

$$H_0 : X \text{ 与 } Y \text{ 不相关.}$$

备择假设有三种情况:

$$H_1 : X \text{ 与 } Y \text{ 相关}; \quad H_1 : X \text{ 与 } Y \text{ 正相关}; \quad H_1 : X \text{ 与 } Y \text{ 负相关.}$$

即前一种为双边检验, 后两者分别为右边检验和左边检验.

设 R_i 表示 X_i 在 $X_1, X_2, \cdots, X_n$ 中的秩, Q_i 表示 Y_i 在 $Y_1, Y_2, \cdots, Y_n$ 中的秩, 类似于 Pearson 相关系数的定义, 称

$$r_s = \frac{\sum\limits_{i=1}^{n} (R_i - \overline{R})(Q_i - \overline{Q})}{\sqrt{\sum\limits_{i=1}^{n} (R_i - \overline{R})^2} \sqrt{\sum\limits_{i=1}^{n} (Q_i - \overline{Q})^2}} \tag{4.17}$$

为 Spearman 秩相关系数, 其中 $\overline{R} = \dfrac{1}{n}\sum\limits_{i=1}^{n} R_i = \dfrac{n+1}{2}, \overline{Q} = \dfrac{1}{n}\sum\limits_{i=1}^{n} Q_i = \dfrac{n+1}{2}.$
由于

$$\sum_{i=1}^{n} R_i^2 = \sum_{i=1}^{n} Q_i^2 = \frac{n(n+1)(2n+1)}{6},$$

因此 (4.17) 式可化简为

$$r_s = 1 - \frac{6}{n(n^2-1)} \sum_{i=1}^{n} (R_i - Q_i)^2. \tag{4.18}$$

(4.18) 式中的 $(R_i - Q_i)^2$ 可看作某种距离的度量, 如果它们的值很小, 则说明 X 和 Y 可能是正相关, 否则可能负相关. 因此在 $|r_s|$ 较大时拒绝原假设, 即认为 X 和 Y 是相关的. 如果 r_s 较大, 则认为 X 和 Y 是正相关; 如果 r_s 较小, 则认为 X 和 Y 是负相关.

在 R 软件中 cor.test 函数提供了两变量的 Pearson 相关系数、Spearman 秩相关系数和 Kendall 相关检验. 如果对于多个变量之间的 Pearson 相关系数、Spearman 秩相关系数和 Kendall 相关检验可以使用 psych 包中的 corr.test 函数, 用法与 cor.test 类似, 此外 corCi 函数基于 bootstrap 方法给出了相关系数的置信区间和检验 p 值, 该函数还提供了变量间相关性的可视化, 使用方法与 cor.test 函数类似, 详细使用可"?corCi". 关于 cor.test 函数具体使用方法见表 4.5.

表 4.5 cor.test 函数表

cor.test(x, y, alternative = c("two.sided", "less", "greater"), method, conf.level)	
x	要检验的样本
y	要检验的样本
alternative	指定备择假设类型, 默认为正负相关检验"two.sided"
method	指定要检验的相关系数类型, 可选择"pearson", "kendall" 和"spearman" 三者之一, 默认为 Pearson 相关系数检验
conf.level	指定置信水平, 默认为 0.95

4.4.2　Kendall-tau 相关检验

Kendall 在 1938 年从两变量是否协同一致的角度出发检验两变量之间是否存在相关性. 假设 $(X_1, Y_1), (X_2, Y_2), \cdots, (X_n, Y_n)$ 是来自总体 (X, Y) 的样本, 如果 $(X_j - X_i)(Y_j - Y_i) > 0$, 则称 (X_i, Y_i) 和 (X_j, Y_j) 是协同的, 即变化方向一致; 如果 $(X_j - X_i)(Y_j - Y_i) < 0$, 则称 (X_i, Y_i) 和 (X_j, Y_j) 不协同, 即变化方向相反. 则 Kendall-tau 检验统计量的形式如下:

$$\tau = \frac{2}{n(n-1)} \sum_{1 \leqslant i < j \leqslant n} \text{sign}\left((X_j - X_i)(Y_j - Y_i)\right), \tag{4.19}$$

其中

$$\text{sign}\left((X_j - X_i)(Y_j - Y_i)\right) = \begin{cases} 1, & (X_j - X_i)(Y_j - Y_i) > 0, \\ 0, & (X_j - X_i)(Y_j - Y_i) = 0, \\ -1, & (X_j - X_i)(Y_j - Y_i) < 0. \end{cases}$$

显然, (4.19) 式表明 τ 为 U 统计量. 因此可以根据 U 统计量的性质构造检验统计量的分布. 具体检验方法可参考相关文献, 在 R 软件中可以直接使用 cor.test 函数进行求解.

4.4.3　多变量 Kendall 协同系数检验

针对多变量之间的一致性检验问题, 如裁判员对于体操运动员打分, 不同裁判员对于同一个运动员的打分是否一致? 也就是说, 从平均意义上看, 如果某个运动员被打了高分, 那么是否也意味着其他裁判员对他打了高分? 对于这类问题可以采用 Kendall 和 Smith 在 1939 年提出的协同系数 (coefficient of concordance) 进行检验. 即假设有 m 个变量 $X_1, X_2, \cdots, X_m$, 每个变量有 n 个观测值, 第 j 个变量 X_j 的观测值为 $X_{1j}, X_{2j}, \cdots, X_{nj}$. 则假设检验的问题为

$$H_0 : m \text{ 个变量不相关} \leftrightarrow H_1 : m \text{ 个变量相关}.$$

上述检验问题等价于检验 m 个变量有没有同时上升 (下降) 的趋势. 这种对多个变量的检验问题称为一致性检验.

设 R_{ij} 表示 X_{ij} 在 $X_{1j}, X_{2j}, \cdots, X_{nj}$ 中的秩, 记

$$R_i = \sum_{j=1}^{m} R_{ij}, \quad \overline{R} = \frac{1}{n} \sum_{i=1}^{n} R_i.$$

在一致性成立时, $R_1, R_2, \cdots, R_n$ 的取值比较离散, 而离散程度可以用离差平方和

$S = \sum\limits_{i=1}^{n} (R_i - \overline{R})^2$ 作为检验统计量, 当 S 越大时, 说明一致性越强. 一般来说, 人

们希望度量值不超过 1, 在完全一致时, $S = \dfrac{1}{12} m^2 n(n^2 - 1)$ 最大, 故可以令

$$W = \frac{12S}{m^2 n(n^2 - 1)} = \frac{12 \sum\limits_{i=1}^{n} R_i^2 - 3m^2 n(n+1)^2}{m^2 n(n^2 - 1)}, \qquad (4.20)$$

显然, $W \in [0, 1]$ 可以用来度量一致性, 通常称为 Kendall 协同系数, 其检验法称为 Kendall 协同系数检验.

由于 (4.20) 式还可以通过 χ^2 公式得到, 即

$$W = \frac{1}{m(n-1)} \frac{12 \sum\limits_{i=1}^{n} R_i^2 - 3m^2 n(n+1)^2}{mn(n+1)} = \frac{1}{m(n-1)} \chi^2, \qquad (4.21)$$

因此对于固定的 n, 当 $m \to \infty$ 时有

$$m(n-1)W \xrightarrow{D} \chi^2(n-1). \qquad (4.22)$$

这样对于较大的 m 就可以采用 (4.22) 中的极限分布进行检验.

当样本中有结时, 需要采用平均秩方法定秩, 将 W 修正为

$$W^* = \frac{12 \sum\limits_{i=1}^{n} R_i^2 - 3m^2 n(n+1)^2}{m^2 n(n^2 - 1) - mT}, \qquad (4.23)$$

其中 $T = \sum\limits_{l=1}^{g} (\tau_l^3 - \tau_l)$, g 为样本中结的个数, τ_l 为第 l 个结的长度.

4.5 非参数回归

参数回归模型通常由经验和历史资料等对回归函数提供大量的额外信息, 当模型假定成立时, 其推断具有较高的精度. 但是在实际应用中, 因变量和自变量之间的函数关系通常是未知的, 如果直接采用参数模型建模, 则可能存在设定误差, 当模型假定不成立时, 基于假定模型所作的统计推断的表现可能很差, 甚至得

出错误的结论. 非参数回归模型的出现减少了参数回归的模型偏差, 其具体形式
如下:

$$Y_i = m(X_i) + \varepsilon_i, \quad i = 1, 2, \cdots, n, \tag{4.24}$$

其中 $m(\cdot)$ 是未知的回归函数, $\varepsilon_1, \varepsilon_2, \cdots, \varepsilon_n$ 是独立同分布的随机误差, 且满足

(1) X 为非随机时, $E(\varepsilon_i) = 0, \mathrm{Var}(\varepsilon_i) = \sigma^2 < \infty$, 此时 $E(Y_i) = m(X_i)$;

(2) X 为随机时, $E(\varepsilon_i|X_i) = 0, \mathrm{Var}(\varepsilon_i|X_i) = \sigma^2(X_i) < \infty$, 此时 $E(Y_i|X_i) = m(X_i)$.

由此可知, 非参数回归模型中回归函数的形式是任意的, 对自变量和因变量的分布限制较少, 具有稳定性和普适性, 更符合实际情况. 根据 (4.24) 式可知, 非参数回归模型中的关键问题是估计非参数函数 $m(\cdot)$. 针对非参数函数的估计问题, 许多学者进行了研究.

4.5.1　核光滑

Nadarya 和 Watson 在 1964 年提出了 $m(x)$ 的核估计 (也称核光滑). 其思路如下: 选定 R 上的函数 $K(\cdot)$ 和正的常数列 $h = h_n$, 记 $K_h(\cdot) = h^{-1}K(\cdot/h)$, 定义

$$\hat{m}_{\mathrm{NW}}(x) = \sum_{i=1}^{n} W_{ni}^{K}(x) Y_i, \tag{4.25}$$

其中

$$W_{ni}^{K}(x) = K_h(X_i - x) \Big/ \sum_{j=1}^{n} K_h(X_j - x), \tag{4.26}$$

则称 $\hat{m}_{\mathrm{NW}}(x)$ 为 $m(x)$ 的 Nadaraya-Watson 估计, 简称为 N-W 估计. 称 $K(\cdot)$ 为核函数, h 为带宽. 常用的核函数有

(1) 均匀核: $K(u) = \dfrac{1}{2} I(|u| \leqslant 1)$;

(2) Epanechnikov 核 (抛物线核): $K(u) = \dfrac{3}{4}(1 - u^2) I(|u| \leqslant 1)$;

(3) 四次核: $K(u) = \dfrac{15}{16}(1 - u^2)^2 I(|u| \leqslant 1)$;

(4) 高斯核: $K(u) = \dfrac{1}{\sqrt{2\pi}} \exp\left(-\dfrac{u^2}{2}\right)$.

需要注意的是, 核估计的效果对带宽的选取有很强的影响, 但对选取的核函数影响不大. 在 R 软件中 ksmooth 函数提供了一维的 N-W 核回归光滑.

4.5.2 局部多项式光滑

由于核光滑存在边界效应, 即核估计在边界处收敛于实际函数的速度慢于在内点处的收敛速度. 此外, 核估计还存在偏差较大、偏差与自变量密度函数有关等问题. 为此统计学家又提出局部多项式估计的方法如下.

设回归函数 $m(\cdot)$ 在 x 的邻域内有连续的 q 阶导数, 那么由 Taylor 展开公式可得

$$m(z) = \sum_{j=0}^{q} \frac{m^j(x)}{j!} (z-x)^j, \tag{4.27}$$

其中 z 为 x 邻域内的点.

以一维情形为例, 求 $m(x)$ 的估计量可归结为最小化如下的目标函数:

$$\min \sum_{i=1}^{n} \left\{ Y_i - \sum_{j=0}^{q} \beta_j (X_i - x)^j \right\} K_h(X_i - x), \tag{4.28}$$

其中 $\beta = (\beta_0, \beta_1, \cdots, \beta_q)'$ 为系数向量. 令 $W = \mathrm{diag}\{K_h(X_1-x), \cdots, K_h(X_n-x)\}$,

$$Z = \begin{pmatrix} 1 & X_1 - x & \cdots & (X_1-x)^q \\ 1 & X_2 - x & \cdots & (X_2-x)^q \\ \vdots & \vdots & & \vdots \\ 1 & X_n - x & \cdots & (X_n-x)^q \end{pmatrix},$$

由 (4.28) 式计算可得 $\hat{\beta} = (Z'WZ)^{-1}Z'WY$. 若用 e_{v+1} 表示第 $v+1$ 位为 1, 其他位置为 0 的 $q+1$ 维单位向量, 则 $\hat{\beta}_v = e'_{v+1}\hat{\beta}, v = 0, 1, \cdots, q$. 故 $m^{(v)}(x)$ 的估计量为 $\hat{m}^{(v)}(x) = v!\hat{\beta}_v$.

在实际应用中关于阶数 q 的选取, 由渐近性质可得奇数阶多项式优于偶数阶多项式. 通常采用的是局部线性光滑, 即 $q = 1$. 记 $\hat{m}_{\mathrm{LL}}(x)$ 为局部线性估计, 具体形式为

$$\hat{m}_{\mathrm{LL}}(x) = \sum_{i=1}^{n} W_{ni}^L(x) Y_i,$$

其中

$$W_{ni}^L(x) = n^{-1} \frac{K_h(X_i - x)[S_{n,2}(x) - (X_i - x)S_{n,1}(x)]}{S_{n,0}(x)S_{n,2}(x) - S_{n,1}^2(x)},$$

$$S_{n,j}(x) = \frac{1}{n}\sum_{i=1}^{n}(X_i - x)^j K_h(X_i - x), \quad j = 0, 1, 2.$$

局部多项式光滑的优点在于偏差不依赖于密度, 即它是自适应设计. 此外 Fan (1992) 指出当 $m(\cdot)$ 为线性函数时, 偏差消失, 因此当设计点稀疏时局部线性估计优于核估计, 并且局部线性估计的偏差和方差在边界和内部是同阶的. 在 R 软件中, loess 函数提供了四维以内的局部多项式回归拟合.

4.5.3 样条光滑

样条光滑虽然不能得到非参数函数估计的相关统计性质, 只能得到非参数函数估计的收敛速度, 但其优点在于把约束的问题转化为无约束的问题, 极大地减轻了计算负担. 样条光滑的方法包括 B 样条和光滑样条等, 本节仅介绍具有 $r-1$ 阶导数的 B 样条基函数逼近技术. 设 $-\infty < t_1 < t_2 < \cdots < t_J < \infty$ 是一个固定的节点序列, 以一维情况为例, 采用 B 样条逼近非参数函数有 $m(x) \approx B(x)\beta$, 其中 $B(x) = (B_1(x), B_2(x), \cdots, B_{J+r}(x))$ 表示 B 样条基函数, $\beta = (\beta_1, \beta_2, \cdots, \beta_{J+r})'$ 为待估计的系数向量. 若采用最小二乘法即考虑最小化如下的目标函数:

$$\min \sum_{i=1}^{n}(Y_i - B(X_i)\beta)^2, \tag{4.29}$$

即有 $\hat{\beta} = (B'(X)B(X))^{-1}B'(X)Y$. 在 R 软件中, splines2 包中的 bSpline 函数提供了给定自变量后直接得到相应的 B 样条基函数矩阵 $B(X)$.

4.5.4 可加模型与部分线性可加模型

在实际问题中, 自变量的个数通常较多, 而样本量较少, 为了克服维数祸根问题, 统计学家提出了许多经典的半参数回归模型, 如可加模型、单指标模型和变系数模型等. 本节重点介绍可加模型, 其具体形式如下:

$$Y_i = b + \sum_{j=1}^{p} m_j(Z_{ij}) + \varepsilon_i, \tag{4.30}$$

其中 Z 为已知的 $n \times p$ 矩阵, $m_j(\cdot), j = 1, 2, \cdots, p$ 为列向量 Z_j 的函数, 满足 $E(m_j(Z_j)) = 0$ 以保证非参数函数的可识别性, b 为常数项, $\varepsilon_1, \varepsilon_2, \cdots, \varepsilon_n$ 是独立同分布的随机误差, 且均值为 0, 方差有限. 特别地, 当 $m_j(\cdot), j = 1, 2, \cdots, p$ 为线性函数时, 可加模型退化为多元线性模型.

可加模型将非参数回归中的多维光滑削减为一维光滑的问题, 能有效地分析难以处理的多维问题, 其主要优点在于避免维数祸根. 但是实际问题中, 有时我们通过一些信息可以判断出自变量和因变量的函数关系, 如存在线性关系, 有效地利用这些信息能提高模型的预测能力. 因此当把多元线性模型和可加模型进行叠加时, 就可以得到部分线性可加模型, 其形式如下:

$$Y_i = X_i\beta + \sum_{j=1}^{p} m_j(Z_{ij}) + \varepsilon_i, \tag{4.31}$$

其中 X 和 Z 分别为已知的 $n \times q$ 和 $n \times p$ 的自变量矩阵, 且满足 $E(m_j(Z_j)) = 0$.

4.6 非参数实例

4.6.1 非参数检验

本次案例采用的是中国石油和洛阳钼业股票在 2020 年 6 月 15 日至 2020 年 12 月 13 日期间的收盘价. 下面我们主要对两只股票作相关的非参数检验. 首先我们绘制两只股票该段时间股票价格的频率直方图和核密度曲线, 见图 4.1, 其中左图为中国石油, 右图洛阳钼业. 根据图 4.1 可知, 两个样本显然都不是来自正态总体, 其总体分布也未知, 因此这里我们可以采用非参数统计对两总体进行检验.

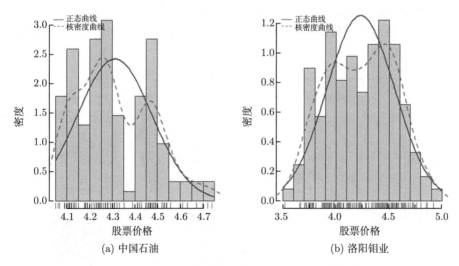

(a) 中国石油   (b) 洛阳钼业

图 4.1 股票价格的频率直方图和核密度曲线

以中国石油收盘价为例, 其中位数估计为 4.28, 并得到对应的 95% 置信区间为 [4.25, 4.31], 同理我们也可以得到其他分位数估计. 当采用两样本的 U 检验时得出结论: 中国石油的股票平均价格比洛阳钼业高. 相应地采用符号秩和检验 (p

值为 0.0279) 与秩和检验 (p 值为 0.0007) 的结果也是如此. 尺度参数检验 (p 值为 4.969×10^{-12}) 表明两只股票具有不同的标准差. Pearson 相关系数检验 (p 值为 1.3×10^{-11}) 和 Kendall 相关检验 (p 值为 1.307×10^{-11}) 表明两只股票存在相关性.

4.6.2   非参数回归

本次案例为研究有着 "药中茅台" 的片仔癀和云南白药收盘价之间的相关关系, 将片仔癀的收盘价作为自变量, 云南白药的收盘价作为因变量. 在 R 软件中在线爬取 2020 年 6 月 15 日至 2020 年 12 月 13 日期间两只股票的收盘价, 共计 123 个样本, 随机抽取 60% 个样本作为训练样本集, 剩余样本作为测试样本.

首先通过绘制自变量与响应变量的散点图 (图 4.2), 可以发现自变量与因变量明显存在非线性关系, 但具体的函数关系却是未知的, 因此我们可以考虑采用非参数回归模型进行建模, 图 4.2 还分别给出了基于线性回归模型和非参数回归模型 (N-W 估计、局部线性估计、B 样条估计) 刻画自变量与因变量的函数关系. 其中关于 N-W 估计的带宽选取, 本节依据拇指法则确定带宽, 即

$$h_{rot} = 1.06 \min\{\hat{\sigma}_x, \hat{R}/1.34\} n^{-1/5},$$

其中 $\hat{\sigma}_x$ 为自变量的标准差估计, $\hat{R}$ 为自变量的四分位数间距估计. 本例中我们采用三次 B 样条逼近非参数函数, 即 $r = 3$. 关于样条节点数的确定, 本节依据的是 $Kn = n^{1/(2r+3)}$.

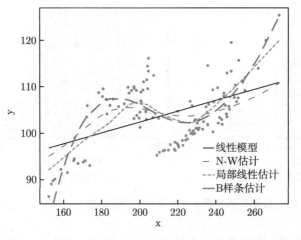

图 4.2   非参数函数估计图 (彩图请扫二维码)

根据图 4.2 结果显示, 采用 B 样条估计非参数函数效果最好, 其次是局部线

性估计, N-W 核估计效果仅优于线性模型. 为进一步比较不同方法在测试集的预测效果, 我们绘制了绝对预测误差的箱线图, 见图 4.3. 图 4.3 显示, B 样条逼近技术得到的预测效果最优, 局部线性估计次之, N-W 核估计仅优于线性模型, 但其在测试集预测的波动较大, 这可能和带宽的选取有关 (拇指法则假定非参数函数来自某个参数族, 本例假定来自于正态分布族).

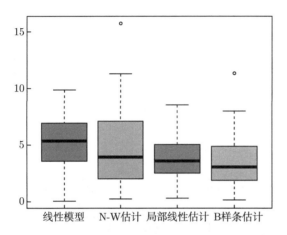

图 4.3   测试集绝对预测误差箱线图 (彩图请扫二维码)

4.6.3   可加模型和部分线性可加模型

本次案例研究 2020 年 1 月 1 日至 2020 年 12 月 31 日期间奢侈品概念股下贵州茅台股票收盘价的影响因素. 即将贵州茅台股票收盘价作为因变量, 自变量考虑为中国中免、潮宏基、五粮液、萃华珠宝、爱迪尔、老凤祥、明牌珠宝、华斯股份、周大生、莱绅通灵、美克家居、飞亚达、金一文化和赫美集团股票的收盘价 (由于期间曼卡龙股票为新股发售, 因此剔除该变量). 数据来源于 R 软件在线爬取, 样本共 243 个, 随机抽取 70% 个样本作为训练样本集, 剩余样本作为测试样本.

首先我们考虑对该数据建立多元线性模型, 训练样本集和测试样本集的预测效果采用平均绝对预测误差 (MAPE) 衡量, 结果见表 4.6.

表 4.6   不同模型的内预测与外预测的 MAPE 值

方法	线性模型	可加模型	部分线性可加模型	增加变量选择方法后的部分线性可加模型
内预测误差	20.0184	9.4489	11.2036	12.4236
外预测误差	20.8800	16.4932	15.3863	14.9895

由于在实际应用中, 自变量与因变量之间具体的函数关系我们是未知的, 直接采用线性模型进行建模容易存在模型设定误差, 因此这里我们可以考虑更具有灵活性的可加模型, 本例采用三次 B 样条逼近技术估计非参数函数. 表 4.6 结果显示, 可加模型的内预测和外预测均优于线性模型. 可加模型中非参数函数的估计结果见图 4.4. 根据图 4.4 可以发现自变量与因变量之间并非为线性关系.

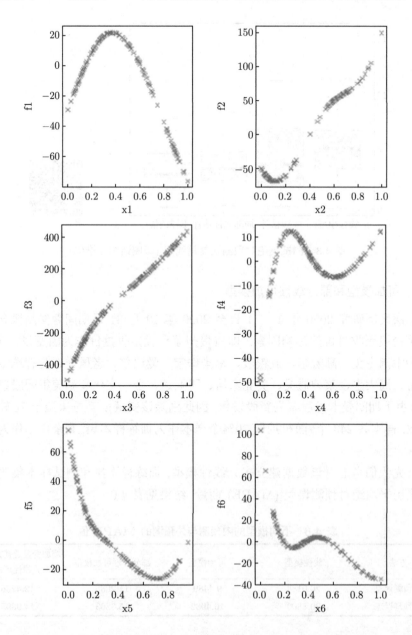

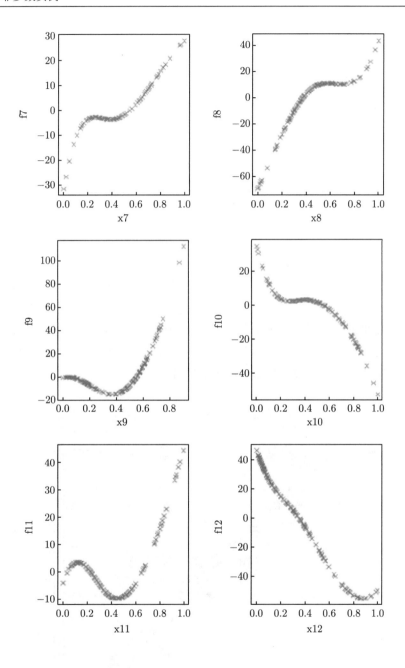

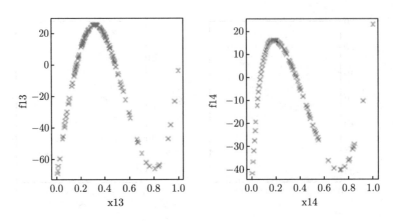

图 4.4   可加模型中非参数函数估计图

进一步我们考虑部分线性可加模型对该数据进行建模. 这里通过 Pearson 相关系数的绝对值大于 0.8 来确定线性成分, 变量间的相关系数可视化结果见图 4.5. 容易确定线性成分分别为中国中免、五粮液和周大生, 其余均考虑为非线性成分. 以此建立的部分线性可加模型得到的外预测效果较可加模型进一步有所提升. 部分线性可加模型中非参数函数估计结果见图 4.6.

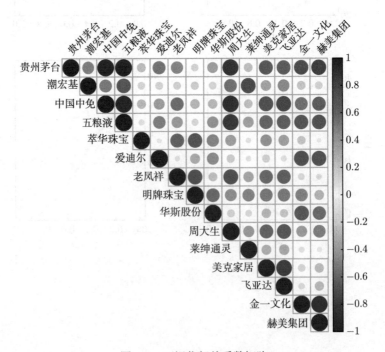

图 4.5   可视化相关系数矩阵

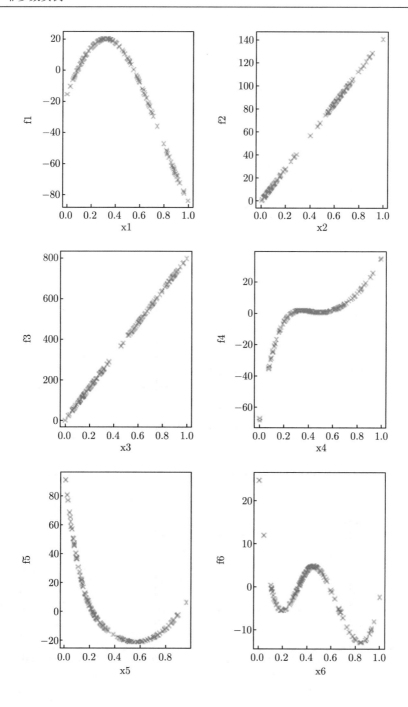

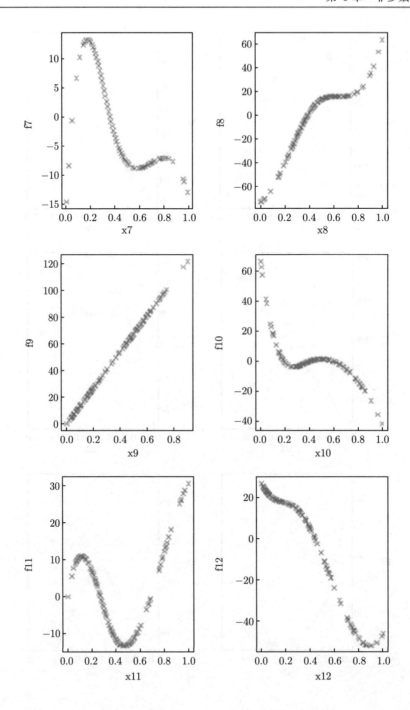

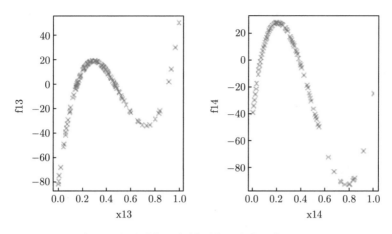

图 4.6 部分线性可加模型中非参数函数估计图

针对部分线性可加模型, 通过 summary 函数可以发现有些变量并没有通过显著性检验, 为此结合部分线性可加模型和变量选择方法简化模型. 这里由于采用的是 B 样条基函数进行逼近非参数函数, 因此应采用组 SCAD 惩罚该模型. 基于 10 折交叉验证选择最优调节参数, 结果见图 4.7.

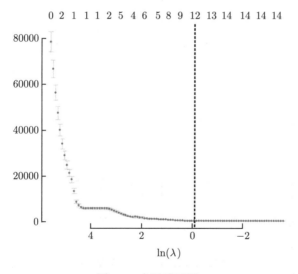

图 4.7 交叉验证图

通过变量选择方法, 得到的最终模型为剔除自变量中国中免和老凤祥后的模型. 其外预测效果较部分线性可加模型进一步有所提升, 图 4.8 给出了非参数函数估计结果图.

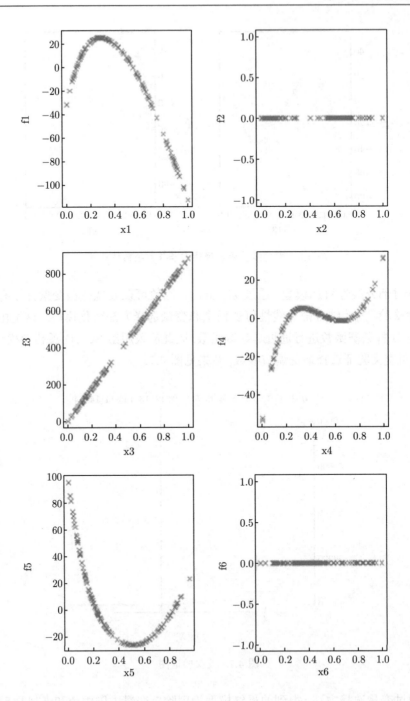

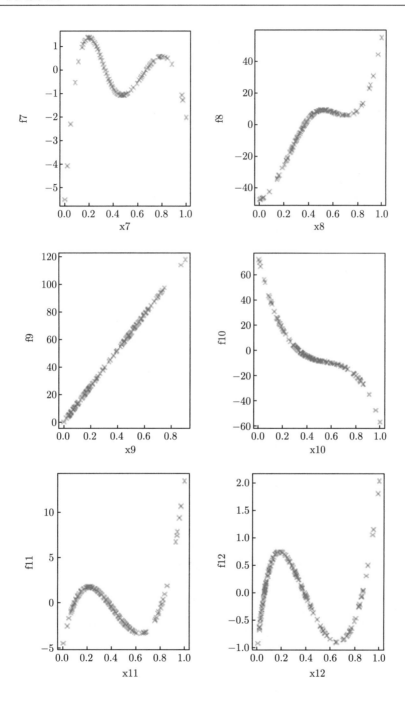

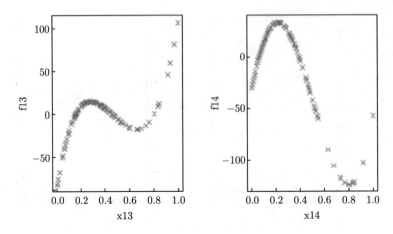

图 4.8　结合变量选择的部分线性可加模型中非参数函数估计图

第 5 章 聚类分析

将认识对象进行分类是人类认识世界的一种重要方法, 比如有关世界的时间进程的研究, 就形成了历史学, 而有关世界空间地域的研究, 则形成了地理学. 又如在生物学中, 为了研究生物的演变, 需要对生物进行分类, 生物学家根据各种生物的特征, 将它们归属于不同的界、门、纲、目、科、属、种之中.

事实上, 分门别类地对事物进行研究, 要远比在一个混杂多变的集合中更清晰、明了和细致, 这是因为同一类事物会具有更多的近似特性. 通常, 人们可以凭经验和专业知识来实现分类, 而聚类分析 (cluster analysis) 作为一种定量方法, 将从数据分析的角度, 给出更准确、细致的分类工具.

5.1 相似性度量

5.1.1 样本的相似性度量

要用数量化的方法进行分类, 就必须用数量化的方法描述分类对象的相似程度. 这往往需要用多个变量刻画. 如果对于一群有待分类的样本需要用 p 个变量描述, 则每个样本可以看成是 $\mathbf{R}^p$ 空间中的一个点. 因此, 很自然地想到可以用距离来度量样本空间点的相似程度.

记 Ω 是样本点集, 距离 $d(\cdot, \cdot)$ 是 $\Omega \times \Omega \to \mathbf{R}^+$ 上的一个函数, 满足条件

(1) $d(x, y) \geqslant 0, x, y \in \Omega$;

(2) $d(x, y) = 0$ 当且仅当 $x = y$;

(3) $d(x, y) = d(y, x), x, y \in \Omega$;

(4) $d(x, y) \leqslant d(x, z) + d(z, y), x, y, z \in \Omega$.

这一距离的定义是我们所熟知的, 它满足正定性、对称性和三角不等式.

在聚类分析中, 假定 p 维空间的两个点 $x = (x_1, x_2, \cdots, x_p)', y = (y_1, y_2, \cdots, y_p)'$, 则 x, y 间的距离度量最常用的是闵氏 (Minkowski) 距离

$$d_q(x, y) = \left[\sum_{k=1}^{p} |x_k - y_k|^q \right]^{\frac{1}{q}}, \quad q > 0, \tag{5.1}$$

当 $q = 1, 2$ 或 $q \to \infty$ 时, 分别得到

(1) 绝对值距离

$$d_1(x,y) = \sum_{k=1}^{p} |x_k - y_k|; \tag{5.2}$$

(2) 欧氏 (Euclidean) 距离

$$d_2(x,y) = \left[\sum_{k=1}^{p} |x_k - y_k|^2\right]^{\frac{1}{2}}; \tag{5.3}$$

(3) 切比雪夫 (Chebyshev) 距离

$$d_\infty(x,y) = \max_{1 \leqslant k \leqslant p} |x_k - y_k|. \tag{5.4}$$

在闵氏距离中, 最常用的是欧氏距离. 它的主要优点是当坐标轴进行正交旋转时, 欧氏距离是保持不变的. 因此, 如果对原坐标系进行平移和旋转变换, 则变换后样本点间的相似情况 (即相互之间的距离) 和变换前完全相同.

需要注意的是, 在采用闵氏距离时, 一定要采用相同量纲的变量. 如果当变量的量纲不相同, 测量值变异范围相差悬殊时, 建议首先进行数据的标准化处理, 然后再计算距离. 同时还应尽可能地避免多重共线性. 多重共线性造成信息的重叠, 会片面强调某些变量的重要性. 由于闵氏距离的这些缺点, 一种改进的距离就是马氏距离, 定义如下.

(4) 马氏 (Mahalanobis) 距离

$$d^2(x,y) = (x-y)' \Sigma^{-1} (x-y), \tag{5.5}$$

其中 x,y 为来自 p 维总体 Z 的样本观测向量, Σ 为 Z 的协方差, 实际中 Σ 往往是不知道的, 常常需要用样本协方差来估计. 马氏距离对一切线性变换是不变的, 故不受量纲的影响.

(5) 兰氏 (Lance) 与威廉氏 (Williams) 距离 (简称兰氏距离)

$$d(x,y) = \sum_{k=1}^{p} \frac{|x_k - y_k|}{|x_k + y_k|}, \tag{5.6}$$

其中 x,y 为来自 p 维总体 Z 的样本观测向量.

此外, 还可以采用样本相关系数、夹角余弦和其他关联性度量作为相似性度量 (具体定义见 5.3 节). R 软件中的 dist 函数提供了计算以上距离的方法, 具体使用方法见表 5.1.

表 5.1 dist 函数表

dist(x, method, p)	
x	自变量矩阵
method	提供''euclidean''、''maximum''、''manhattan''、''canberra''、''binary'' 或''minkowski'' 距离
p	''minkowski'' 距离中的阶数 q

5.1.2 类与类间的相似性度量

如果有两个样本类 G_1 和 G_2, 我们可以用下面的一系列方法度量它们间的距离.

(1) 最短距离法或最近邻法 (single linkage or nearest neighbor method)

$$D(G_1, G_2) = \min_{\substack{x_i \in G_1 \\ x_j \in G_2}} \{d(x_i, x_j)\}, \tag{5.7}$$

它的直观意义为两个类中最近两点间的距离.

(2) 最长距离法 (complete linkage method)

$$D(G_1, G_2) = \max_{\substack{x_i \in G_1 \\ x_j \in G_2}} \{d(x_i, x_j)\}, \tag{5.8}$$

它的直观意义为两个类中最远两点间的距离.

(3) 重心法 (centroid hierarchical method)

$$D(G_1, G_2) = d(\bar{x}, \bar{y}), \tag{5.9}$$

其中 $\bar{x}, \bar{y}$ 分别为 G_1, G_2 的重心. 重心法在处理异常值方面比其他系统聚类法更稳健, 但在别的方面一般不如类平均法或离差平方和法的效果好.

(4) 类平均法 (group average method)

$$D(G_1, G_2) = \frac{1}{n_1 n_2} \sum_{x_i \in G_1} \sum_{x_j \in G_2} d(x_i, x_j), \tag{5.10}$$

它等于 G_1, G_2 两两样本点距离的平均, (5.10) 式中 n_1, n_2 分别为 G_1, G_2 中的样本点个数. 类平均法较好地利用了所有样本之间的信息, 在很多情况下, 它被认为是一种较好的系统聚类法.

(5) 离差平方和法 (ward minimum variance method)

$$D(G_1, G_2) = D_{1+2} - D_1 - D_2 = \frac{n_1 n_2}{n_3} d(\bar{x}_1, \bar{x}_2), \tag{5.11}$$

其中 $D_1^2 = \sum\limits_{x_i \in G_1} (x_i - \bar{x}_1)'(x_i - \bar{x}_1), D_2^2 = \sum\limits_{x_j \in G_2} (x_j - \bar{x}_2)'(x_j - \bar{x}_2), D_{1+2}^2 =$

$\sum\limits_{x_k \in G_1 \cup G_2} (x_k - \bar{x})'(x_k - \bar{x}), \bar{x}_1 = \frac{1}{n_1} \sum\limits_{x_i \in G_1} x_i, \bar{x}_2 = \frac{1}{n_2} \sum\limits_{x_j \in G_2} x_j, \bar{x} = \frac{1}{n_3} \sum\limits_{x_k \in G_1 \cup G_2} x_k,$

n_3 为 $G_1 \cup G_2$ 中的样本点个数.

若 G_1, G_2 内部点与点距离很小, 即它们能很好地各自聚为一类, 并且这两类又能充分分离 (即 D_{1+2} 很大), 这时必然有 $D = D_{1+2} - D_1 - D_2$ 很大. 因此, 按定义可以认为, 两类 G_1, G_2 之间的距离很大. 离差平方和法基于方差分析的思想, 如果分类正确, 则同类样本之间的离差平方和应当较小, 不同类样本之间的离差平方和应当较大.

距离 (5.11) 和重心法距离 (5.9) 只相差一个常数倍, 重心法的类间距与两类的样本数无关, 而离差平方和法的类间距与两类的样本数有较大关系, 两个大类倾向于有更大的距离, 不易合并, 这是符合实际要求的. 离差平方和法在很多场合是优于重心法的, 是比较好的一种系统聚类法, 但缺点是对异常值很敏感.

5.2 系统聚类法

系统聚类法又称样本聚类法, 它是聚类分析中最常用的一种方法. 它的优点在于可以指出由粗到细的多种分类情况, 典型的系统聚类结果可由一个聚类图展示出来. 设 $\Omega = \{\omega_1, \omega_2, \cdots, \omega_n\}$, 具体步骤如下:

(1) 计算 n 个样本两两之间的距离 $\{d_{ij}\}$, 记为矩阵 $D = \{d_{ij}\}_{n \times n}$;

(2) 首先构造 n 个类, 每一个类只包含一个样本, 每一类的平台高度均为零;

(3) 合并距离最近的两类为新类, 并且以这两类间的距离值作为聚类图中的平台高度;

(4) 计算新类与前各类的距离, 若类的个数已经等于 1, 转入步骤 (5), 否则回到步骤 (3);

(5) 画聚类图;

(6) 决定类的个数和类.

显而易见, 这种系统归类过程与计算类之间的距离有关, 采用不同的距离定义, 有可能得出不同的聚类结果. 表 5.2 是 R 软件中 hclust 函数提供了以上提到的系统聚类的方法.

表 5.2 **hclust 函数表**

hclust(d, method)	
d	距离矩阵
method	提供了 "ward.D2"、"single"、"complete"、"average"、"mcquitty"、"median" 和 "centroid" 聚类方法 (详细对应可在 R 输入?hclust 查看)
cutree(tree, k)	
tree	hclust 函数的输出对象
k	选择聚类的数目
plot 函数提供了绘制系统聚类的树形图	

5.3 变量聚类法

在实际工作中, 变量聚类法的应用也是十分重要的. 在系统分析或评估过程中, 为避免遗漏某些重要因素, 往往在一开始选取指标时, 尽可能多地考虑所有相关因素. 而这样做的结果, 则是变量过多, 变量间的相关度高, 给系统分析和建模带来很大的不变. 因此, 人们常常希望通过研究变量之间的相似关系, 按照变量的相似关系把它们聚合成若干类, 进而寻找影响系统的主要变量.

5.3.1 变量相似性度量

在对变量进行聚类分析时, 首先要确定变量的相似性度量, 常用的变量相似性度量有两种.

(1) 相关系数: 记变量 $x_j = (x_{1j}, x_{2j}, \cdots, x_{nj})' \in \mathbf{R}^n, j = 1, 2, \cdots, p$, 则可以用两变量 x_j 和 x_k 的样本相关系数作为它们的相似性度量

$$r_{jk} = \frac{\sum_{i=1}^{n}(x_{ij} - \bar{x}_j)(x_{ik} - \bar{x}_k)}{\left[\sum_{i=1}^{n}(x_{ij} - \bar{x}_j)^2 \sum_{i=1}^{n}(x_{ik} - \bar{x}_k)^2\right]^{\frac{1}{2}}}. \tag{5.12}$$

(2) 夹角余弦: 也可以直接利用两个变量 x_j 和 x_k 的夹角余弦 r_{jk} 来定义它的相似性度量, 有

$$r_{jk} = \frac{\sum_{i=1}^{n} x_{ij}x_{ik}}{\left[\sum_{i=1}^{n} x_{ij}^2 \sum_{i=1}^{n} x_{ik}^2\right]^{\frac{1}{2}}}, \tag{5.13}$$

易见, 相关系数就是对数据中心化处理后的夹角余弦.

各种定义的相似度量均应具有以下两个性质: ① $|r_{jk}| \leqslant 1$, 对于一切 j, k; ② $r_{jk} = r_{kj}$, 对于一切 j, k. $|r_{jk}|$ 越接近 1, x_j 和 x_k 越相关或越相似. $|r_{jk}|$ 越接近 0, x_j 和 x_k 相似性越弱. R 软件中的 cor 函数提供了计算相关系数的方法, scale 函数提供了计算夹角余弦的方法.

5.3.2 变量聚类

在变量聚类问题中, 常用的有最大系数法、最小系数法等.

(1) 最大系数法.

在最大系数法中, 定义两类变量的距离为

$$R(G_1, G_2) = \max_{\substack{x_j \in G_1 \\ x_k \in G_2}} \{r_{jk}\}, \tag{5.14}$$

这时 $R(G_1, G_2)$ 等于两类中最相似的两变量间的相似性度量值.

(2) 最小系数法

$$R(G_1, G_2) = \min_{\substack{x_j \in G_1 \\ x_k \in G_2}} \{r_{jk}\}, \tag{5.15}$$

这时 $R(G_1, G_2)$ 等于两类中相似性最小的两变量间的相似性度量值. 两种方法都可以采用 R 软件中的 hclust 函数.

5.4 动态聚类法

系统聚类法一旦形成类之后就不能改变, 但金融数据的动态性很强, 需要动态地考虑分类问题. 动态聚类又称逐步聚类法, 其基本思想为: 先简单地分一下类, 然后按照某种最优原则修改不合理的分类, 直至分类比较合理为止, 这种分类方法计算量较小, 方法简单, 尤其适用大样本的聚类分析. 下面介绍采用较多的 K-Means 方法, 其实就是逐个修改的方法, 最早由麦克奎因 (Mac-Queen) 在 1967 年提出, 许多人对此做了很多改进.

本节主要介绍 K-Means 聚类和改进的围绕质心的分割 (partitioning around medoids, PAM) 聚类. 由于 K-Means 聚类的类质心为均值点, 受样本中的噪声数据影响较大, 因此稳健性降低. 而 PAM 聚类一方面采用绝对距离作为距离测度, 另一方面增加了判断迭代类质心合理性步骤. 在 R 软件中, 关于 K-Means 聚类可以直接采用 kmeans 函数, 而 PAM 聚类采用 cluster 包中的 pam 函数, 具体调用格式见表 5.3.

表 5.3 kmeans 和 pam 函数表

kmeans(x, centers, iter.max, nstart)	
x	自变量矩阵
centers	聚类的数目或初始类质心
iter.max	最大迭代次数, 默认 10 次
nstart	重复抽取质心的次数
pam(x, k, medoids, stand)	
x	自变量矩阵或距离矩阵
k	选择聚类的数目
medoids	用于指定初始类质心
stand	表示是否对聚类变量进行标准化, 默认是 FALSE

5.5 EM 聚类

最大期望 (expectation maximization, EM) 聚类是基于统计分布的聚类模型, 即如果样本数据存在 "自然小类", 那么这些小类包含的观测来自于某个特定的统计分布. 具体而言, 若观测 $x_i(i=1,2,\cdots,n)$ 的所属类别记为 $z_i(z=1,2,\cdots,K)$, 找到最有可能属于的类, 即在各成分参数已知的情况下, 各个观测取类别值 $z_i(z=1,2,\cdots,K)$ 时的联合概率 $\prod_{i=1}^{n} p(x_i,z_i|\theta)$ 最大化. 在分类数目 K 确定时, EM 聚类的过程如下:

(1) 给各个观测 x_i 随机指派一个类别 z_i, 一个小类即为混合分布中的一个成分, 应分别计算各成分的分布参数;

(2) 在当前各成分参数下, 计算观测 x_i 属于第 1 至 K 类的概率, 然后把观测 x_i 重新指派到概率最大的类别 K 中;

(3) 在新的类别指派下, 重新计算各成分的分布参数.

上述 (2) 称为 E 步, (3) 称为 M 步. 不断交替迭代 E 步和 M 步, 直至类别和成分参数均收敛为止. 在不约束聚类数目的前提下, EM 聚类单纯寻求对数似然函数的最大化, 会导致无效的聚类解, 如所有的观测都聚为一类. 一种有效方法是采用 BIC 准则.

在 R 软件中 mclust 包提供了 Mclust 函数解决 EM 聚类, 具体使用方法见表 5.4.

表 5.4 Mclust 函数表

Mclust(data, G)	
data	自变量矩阵
G	聚类的数目 (可以为一个数或一个向量), 默认是 1 到 9
该函数返回了最优聚类时的 BIC 值和最优聚类数目	

5.6 主成分聚类法

5.6.1 主成分聚类

5.5 节针对传统聚类分析的弊端提出了一种新的聚类框架, 对于克服传统聚类方法在大数据分析中的缺点有了一定的积极作用. 然而, 这种新的框架比较简单, 理论性也不强.

函数型数据分析 (FDA) 是加拿大统计学会主席 Jim Ramsay 于 1991 年提出的. FDA 最大的特征在于它所针对和处理的对象是函数, 而不再是以数据表形式出现的离散型数据. 我们在这里不去讨论深奥的函数型数据分析理论, 而将重点放在与之相关的聚类方法上.

考虑两个函数 f_1 和 f_2, 定义两者之间的距离为

$$d(f_1, f_2) = \left(\int_a^b \left(f_1(x) - f_2(x) \right)^2 \mathrm{d}t \right)^{1/2}, \tag{5.16}$$

距离的定义需要满足正定性、对称性和三角不等式. 不难证明, 上式的定义是符合这三个性质的. 下面, 我们将这个定义与欧氏距离进行比较.

假设我们得到的函数型数据的样本量为 n, 在一个周期内对每个样本进行 $2p + 1$ 次观测. 这时, 对这些数据进行离散傅里叶变换, 得到函数型数据:

$$
\begin{aligned}
f_i(t) = {} & a_{i0} + a_{i1} \cos(t) + a_{i2} \cos(2t) + \cdots + a_{ip} \cos(pt) \\
& + b_{i1} \sin(t) + b_{i2} \sin(2t) + \cdots + b_{ip} \sin(pt), \quad i = 1, 2, \cdots, n.
\end{aligned} \tag{5.17}
$$

如果设函数 f_i 的展开系数 $(a_{i0}, \cdots, a_{ip}, b_{i1}, \cdots, b_{ip})$ 对应空间中的一点 P_i, 那么该空间的欧氏距离 $D(P_i, P_j)$ 与 (5.16) 式的定义满足关系

$$d(f_i, f_j) = \sqrt{\pi} \cdot D(P_i, P_j). \tag{5.18}$$

此时, 我们可以阐述主成分聚类的主要步骤.

(1) 由离散傅里叶变换, 得到函数数据.

(2) 提取系数矩阵的前 L (由累计贡献率决定) 个主成分. 对于每条曲线 f_i, 在该空间中都有唯一一个点 P_i 对应.

(3) 采用普通多元分析中的系统聚类法、动态聚类法等在 L 维空间中聚类.

主成分聚类法有着主成分分析理论支撑. 通过应用主成分变换, 原始数据变换成主成分数据后, 更能刻画原始信息; 另一方面, 主成分之间互相正交, 没有复共线性带来的困扰.

5.6.2 加权主成分聚类

借鉴主成分聚类分析的思想, 考虑到主成分体现原始指标信息含量的差异性, 通过赋予各主成分相应的客观权重体现其重要程度的不同.

设 $F_1, \cdots, F_s$ $(s \leqslant p)$ 为由 p 维指标向量 $X = (X_1, \cdots, X_p)'$ 提取的主成分, 记 α_i 是主成分 F_i 的方差贡献率. 再令 $\beta_k = \alpha_k \Big/ \sum_{i=1}^{p} \alpha_i$ 是主成分 F_k 的距离权重. 那么, 样本 i, j 之间的加权主成分距离定义为

$$d_{ij}(q) = \left[\sum_{k=1}^{s} \left(\beta_k \left(F_{ik} - F_{jk} \right) \right)^q \right]^{1/q}. \tag{5.19}$$

因此, 可以给出加权主成分聚类的聚类步骤.

(1) 输入样本观测值, 依据指标量纲的差异程度决定数据标准化的必要性;

(2) 判断是否可用主成分分析, 是, 则进入下一步;

(3) 主成分分析, 得到样本间的加权主成分距离, 再使用传统方法进行聚类.

5.6.3 一种加权主成分距离的聚类分析方法

考虑 (5.19) 式定义的加权主成分距离, 在该距离定义中主成分 F_k 的距离权重 β_k 实际上可理解为

$$\beta_k^* = \frac{(\beta_k)^q}{\sum_{i=1}^{s} (\beta_i)^q}. \tag{5.20}$$

进一步分析可得

(1) 当 $q = 1$ 时, 有 $\beta_k = \beta_k^*$;

(2) 当 $q > 1$ 时, 有 $\beta_1 \leqslant \beta_1^*$, 并且 $\beta_1^*(q)$ 是 q 的单调上升函数.

因此, 上式放大了第一主成分因子对分类的重要性, 而削弱了其他主成分因子对分类的重要性.

针对上述方法在特定情形下的失真问题, 可以进一步考虑加权主成分距离聚类分析法:

$$d_{ij}(q) = \left[\sum_{k=1}^{s} \beta_k \left(F_{ik} - F_{jk} \right)^q \right]^{1/q}, \tag{5.21}$$

改进的加权聚类分析步骤同前述类似.

5.6.4　加权主成分兰氏距离的定义

以上介绍的距离方法是基于闵氏距离的加权主成分聚类, 闵氏距离聚类需要避免量纲和变量多重共线性的影响. 主成分分析的一个较大优点也在于各主成分之间相互独立. 基于此, 我们将该成果推广到兰氏距离:

$$d_{ij} = \sum_{k=1}^{s} \beta_k \frac{|F_{ik} - F_{jk}|}{|F_{ik} + F_{jk}|}. \tag{5.22}$$

不难证明, 上述的定义满足距离定义的三个性质. 此外, 我们可以证明上述定义的距离公式还满足下面两条性质.

性质 5.1　设样本 I_i, I_j, I_l 在 s 维空间的坐标分别为 $(F_{i1}, \cdots, F_{is})$, $(F_{j1}, \cdots, F_{js})$, $(F_{l1}, \cdots, F_{ls})$, 且 $(F_{l1}, \cdots, F_{ls}) = (F_{i1+r}, F_{i2}, \cdots, F_{is})$. 则

$$d_{lj} - d_{ij} = \beta_1 \left(\frac{|F_{i1} - F_{j1} + r|}{|F_{i1} + F_{j1} + r|} - \frac{|F_{i1} - F_{j1}|}{|F_{i1} + F_{j1}|} \right). \tag{5.23}$$

性质 5.2　设样本 I_i, I_j 在 s 维空间的坐标分别为 $(F_{i1}, \cdots, F_{is})$, $(F_{j1}, \cdots, F_{js})$; 此外, $I_{l(1)}, I_{l(2)}, \cdots, I_{l(s)}$ 在 s 维空间的坐标分别为 $(F_{i1+r_1}, \cdots, F_{is})$, $(F_{i1}, F_{i2+r_2}, \cdots, F_{is})$, $\cdots$, $(F_{i1}, F_{i2}, \cdots, F_{is+r_s})$. 则

$$\left(d_{l(1)j} - d_{ij} \right) : \cdots : \left(d_{l(s)j} - d_{ij} \right)$$
$$= \beta_1 \left(\frac{|F_{i1} - F_{j1} + r_1|}{|F_{i1} + F_{j1} + r_1|} - \frac{|F_{i1} - F_{j1}|}{|F_{i1} + F_{j1}|} \right) : \cdots : \beta_s \left(\frac{|F_{is} - F_{js} + r_s|}{|F_{is} + F_{js} + r_s|} - \frac{|F_{is} - F_{js}|}{|F_{is} + F_{js}|} \right). \tag{5.24}$$

由此可见, 定义的距离并未改变各主成分因子对分类重要性的比例关系, 运用该距离进行聚类分析是合理的.

5.7　聚类分析实例

本次案例采用旅游板块 25 只股票和航空板块 29 只股票 (剔除新股 N 纵横) 2021 年 2 月 10 日的相关指标数据进行分析, 选取涨幅、涨速、换手率、量比、振幅、强弱度、均涨幅和实体涨幅共 8 个指标, 显然这 8 个指标不存在量纲的影响, 故无需对数据进行标准化处理. 由于聚类分析是在未知的情况下, 根据数据本身的特点进行分类, 因此这里为比较不同聚类方法的优劣, 假定真实的分类情况是依据行业板块类别分类的.

5.7.1 评价指标

对于已知的两类别总体 A 和 B, 假定通过聚类分析得到的分类结果为 C 和 D, 当假定 C 类为总体 A 时, 对应的 D 类则为总体 B, 计算 C 类和 D 类中真实属于总体 A 和总体 B 的总个数占全部数据的百分比; 反之, 当假定 C 类为总体 B 时, 对应的 D 类则为总体 A, 计算 C 类和 D 类中真实属于总体 B 和总体 A 的总个数占全部数据的百分比, 最后比较两个百分比的大小, 选择较大的一个作为评价指标, 即正确率. 正确率越接近 1, 表明分类效果越好.

5.7.2 传统聚类分析

首先我们可以采用系统聚类法对样本进行分类, 并计算基于不同的样本和类间相似性度量方法所得到的正确率, 结果见表 5.5. 根据表 5.5 可知, 当样本相似性度量和类间相似性度量分别采用兰氏距离与最长距离法、兰氏距离与类平均法、绝对值距离与离差平方和法时, 三者的正确率都是 0.7407, 但三者的聚类分析结果却有所不同, 分别见图 5.1、图 5.2 和图 5.3.

表 5.5 系统聚类分析不同方法下的正确率

方法	绝对值距离	欧氏距离	切比雪夫距离	兰氏距离
最短距离法	0.5556	0.5556	0.5556	0.5556
最长距离法	0.6481	0.5556	0.5556	0.7407
重心法	0.5556	0.5556	0.5556	0.5556
类平均法	0.5556	0.5556	0.5556	0.7407
离差平方和法	0.7407	0.6481	0.5556	0.6667

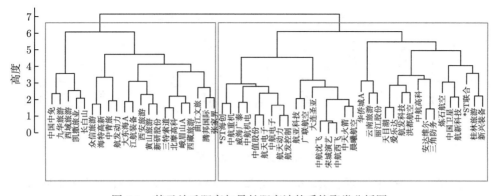

图 5.1 基于兰氏距离与最长距离法的系统聚类分析图

进一步这里我们仅以变量间相关系数为度量, 结合最短距离和最长距离法分别对变量进行聚类, 聚类结果见图 5.4, 其中左图为最短距离法, 右图为最长距离法.

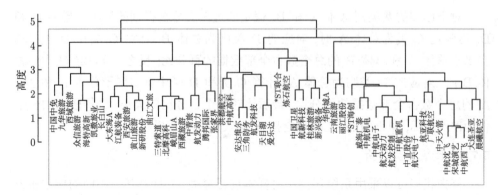

图 5.2　基于兰氏距离与类平均法的系统聚类分析图

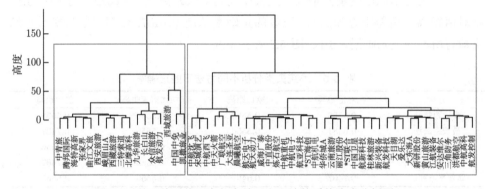

图 5.3　基于绝对值距离与离差平方和法的系统聚类分析图

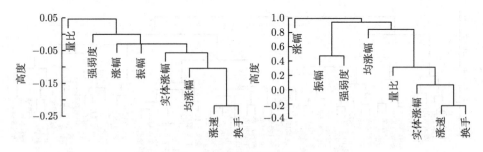

图 5.4　变量间聚类分析图

最后, 我们给出了基于 K-Means 聚类、PAM 聚类以及 EM 聚类关于样本的分类情况, 其正确率见表 5.6. 根据表 5.5 和表 5.6 的结果可知, 本次案例当采用系统聚类法中样本相似性度量和类间相似性度量分别为兰氏距离与最长距离法、兰氏距离与类平均法、绝对值距离与离差平方和法时, 分类效果达到最优, 其次为

PAM 聚类方法, 优于 K-Means 聚类. 虽然最优聚类的正确率只有 0.7407, 但这是正常的, 因为选取的数据为截面数据, 即仅仅代表 2021 年 2 月 10 日当天的实际情况.

表 5.6 不同聚类分析下的正确率

方法	K-Means 聚类	PAM 聚类	EM 聚类
正确率	0.6296	0.7222	0.6111

5.7.3 主成分聚类分析

为了探究新距离的聚类效果, 我们选取股票市场的数据进行聚类分析. 数据来源于新冠检测概念股数据 2021 年 2 月 19 日 53 只股票. 变量选取为总资产、流动负债、营业利润、净利润、每股收益、净益率、权益比、利润同比、收入同比共 9 个指标.

首先, 我们对数据进行预处理和预分析. 考虑到不同量纲对数据分析存在影响, 所以先将样本矩阵标准化, 消除量纲的影响. 由于主成分聚类分析是建立在变量具有较高的相关性基础上的, 所以在聚类之前, 先对样本矩阵作 KMO 检验 (KMO 检验是 Kaiser, Meyer 和 Olkin 提出的抽样适合性检验) 和 Bartlett 球形检验. 使用 R 软件进行实验, 计算 KMO 值为 0.605, Bartlett 球形检验显著, 表明原始指标确实存在较高相关性, 适合进行主成分分析.

通过主成分分析, 为了确定合适的主成分, 先画出碎石图 (图 5.5), 易见可以选择 6 个主成分, 见表 5.7.

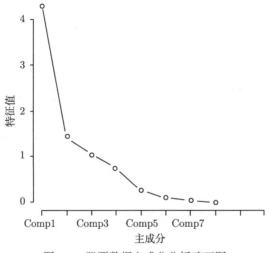

图 5.5 股票数据主成分分析碎石图

表 5.7 主成分分析结果表 (前 6 个主成分)

变量名	Comp1	Comp2	Comp3	Comp4	Comp5	Comp6
总资产	0.188	0.504		0.426	0.127	0.209
流动负债	0.162	0.522	−0.190	0.234	0.252	0.262
营业利润	0.413	0.246	0.304	−0.161	−0.232	−0.264
净利润	0.420	0.210	0.326	−0.190	−0.267	−0.260
每股收益	0.400	−0.234			0.697	−0.318
净益率	0.403	−0.231		−0.405		0.752
权益比		−0.327	0.733	0.529		0.163
利润同比	0.369	−0.255	−0.326	0.289	−0.541	0.122
收入同比	0.359	−0.299	−00332	0.409		−0.206
累计贡献率	0.448	0.767	0.875	0.935	0.974	0.992

在进行聚类分析之前, 我们可以先分析以下各个主成分的含义: 第 1 主成分没有特别相关的, 与涨速关系不大; 第 2 主成分与均涨幅完全无关; 第 3 主成分特别与涨速、量比高相关 (图 5.6); 第 4 主成分跟振幅无关; 第 5 主成分重点描述了换手率且与振幅有较高的负相关; 第 6 主成分则主要刻画了均涨幅和实体涨幅.

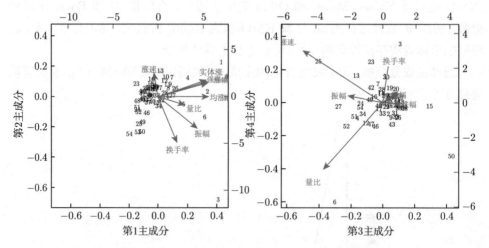

图 5.6 第 1, 2 主成分关系图 (左) 和第 3, 4 主成分关系图 (右)

有了各个主成分含义的认识, 使用新定义的距离进行聚类分析. 对主成分分析后的样本数据利用新的加权主成分兰氏距离定义聚类, 即采用兰氏距离计算距离矩阵, 采用多种类间的距离进行聚类, 本例采用缺损的最长距离法得到如下聚类图 (图 5.7).

下面是聚类热力图 (图 5.8).

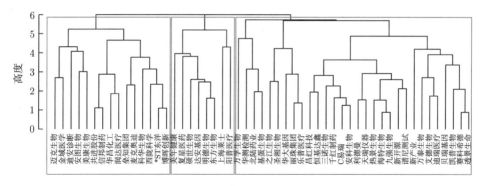

图 5.7 基于兰氏距离的加权主成分聚类分析结果图

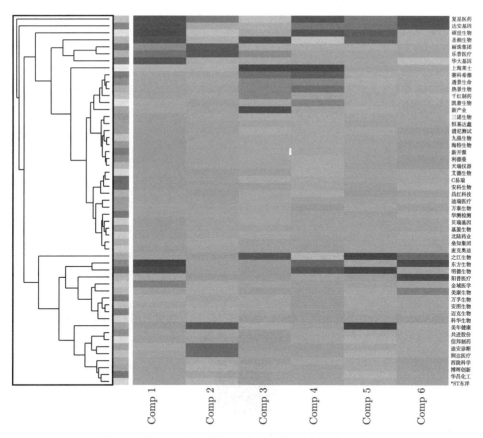

图 5.8 图中 53 只股票大致分成三类 (彩图请扫二维码)

另外四种不同类型的聚类图如图 5.9.

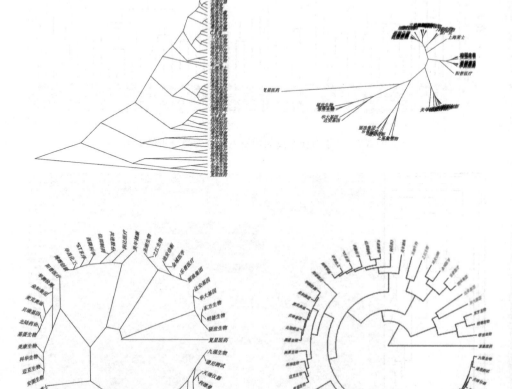

图 5.9   图中分别是碎屑图 (左上)、无根图 (右上)、辐射状图 (左下) 和扇形图
(彩图请扫二维码)

第 6 章　判 别 分 析

判别分析 (discriminant analysis) 是根据所研究的个体的观测指标来推断该个体所属类型的一种统计方法. 在自然科学和社会科学的研究中经常会碰到这种统计问题. 例如, 在金融统计中我们要根据某异常点的政策、消息、技术和资金等各项指标来判断该异常点属于哪一种类型.

判别问题用统计的语言表达就是已有 q 个总体 $X_1, X_2, \cdots, X_q$, 它们的分布函数分别为 $F_1(x), F_2(x), \cdots, F_q(x)$, 每个 $F_i(x)$ 都是 p 维函数. 对于给定的样本 X, 要判断它来自哪个总体. 当然, 应该要求判别准则在某种意义下是最优的, 例如, 错判的概率最小或错判的损失最小等. 本章仅介绍最基本的几种判别方法, 即距离判别、费希尔判别和贝叶斯判别.

6.1　距 离 判 别

6.1.1　两总体情况

设具有相同协方差阵 Σ $(\Sigma > 0)$ 的总体 X_1, X_2, 均值向量分别为 μ_1, μ_2, 对于一个新给定的样本 x 要判断它来自于哪个总体, 一个最直观的想法是分别计算 x 与两个总体的距离 (这里用点 x 到 μ_i 的距离表示点 x 到总体 X_i 的距离) $d(x_i, \mu_i), i = 1, 2$. 然后根据下列规则进行判别:

$$\begin{cases} x \in X_1, & d(x, \mu_1) \leqslant d(x, \mu_2), \\ x \in X_2, & d(x, \mu_1) > d(x, \mu_2). \end{cases} \tag{6.1}$$

(当 $d(x, \mu_1) = d(x, \mu_2)$ 时, x 可归属于 X_1, X_2 的任何一个, 为了方便叙述, 不妨将它归属 X_1.) 在这里我们采用马氏距离.

为了简化 (6.1), 计算两个马氏距离平方之差

$$d^2(x, \mu_1) - d^2(x, \mu_2) = (x - \mu_1)' \Sigma^{-1} (x - \mu_1) - (x - \mu_2)' \Sigma^{-1} (x - \mu_2)$$

$$= -2 \left[x - (\mu_1 + \mu_2)/2 \right]' \Sigma^{-1} (\mu_1 - \mu_2)$$

$$= -2W(x),$$

其中 $W(x) = (x - \bar{\mu}) \Sigma'(\mu_1 - \mu_2), \bar{\mu} = \dfrac{1}{2}(\mu_1 + \mu_2)$. 于是在马氏距离之下规则 (6.1) 变为

$$\begin{cases} x \in X_1, & W(x) \geqslant 0, \\ x \in X_2, & W(x) < 0, \end{cases} \tag{6.2}$$

$W(x)$ 是 x 的一个线性函数, 一般将 $W(x)$ 称为线性判别函数, 显然 p 维平面 $W(x) = 0$ 把 p 维空间分成两部分, 即得到 p 维空间的一个划分:

$$R_1 = \{x : W(x) \geqslant 0\}, \quad R_2 = \{x : W(x) < 0\}, \tag{6.3}$$

当样本 $x \in R_1$ 时, 判断 $x \in X_1$; 当样本 $x \in R_2$ 时, 则判断 $x \in X_2$.

对于上述判别规则 (6.2) 作几点说明, 它对我们理解判别分析很重要.

(1) 按最小距离规则判别是会产生误判的.

(2) 当两个总体 X_1, X_2 十分接近时, 则无论用什么办法, 误判概率都很大, 这时判别是没有意义的, 因此在判别之前应对两总体的均值进行显著性检验.

(3) 由于落在 $\bar{\mu}$ 附近的点误判概率比较大, 有时可以划出一个待判区域, 如取 $(c, d) = \left(\bar{\mu} - \dfrac{1}{5}|\mu_1 - \mu_2|, \bar{\mu} + \dfrac{1}{5}|\mu_1 - \mu_2|\right)$ 作为待判区域, 就有

$$\begin{cases} x \in X_1, & x \leqslant c, \\ x \in X_2, & x \geqslant d, \\ \text{待判}, & c < x < d. \end{cases} \tag{6.4}$$

(4) 以上判别函数及规则并没有涉及具体的分布类型, 只需要二阶矩存在就可以.

如果两总体的均值向量和公共协方差矩阵未知, 沃尔德和安德森 (Anderson) 提出用相应的估计来代替. 设 $x_i \ (i = 1, 2, \cdots, n_1), y_i \ (i = 1, 2, \cdots, n_2)$ 分别是来自 X_1 和 X_2 的样本, 则判别函数可以写为

$$W(x) = \left[x - \dfrac{1}{2}(\bar{x} + \bar{y})\right]' \Sigma^{-1}(\bar{x} - \bar{y}), \tag{6.5}$$

(6.5) 式中的 $\bar{x} = \dfrac{1}{n_1} \sum\limits_{i=1}^{n_1} x_i, \bar{y} = \dfrac{1}{n_2} \sum\limits_{i=1}^{n_2} y_i, A_1 = \sum\limits_{i=1}^{n_1}(x_i - \bar{x})'(x_i - \bar{x}), A_2 = \sum\limits_{i=1}^{n_2}(y_i - \bar{y})'(y_i - \bar{y}), \Sigma = \dfrac{1}{n_1 + n_2 - 2}(A_1 + A_2)$, 判别规则与式 (6.2) 一样.

6.1.2 多总体情况

设有 q 个总体 $X_1, X_2, \cdots, X_q$, 它们具有相同的正定协方差阵和不同的均值向量 $\mu_i, i = 1, 2, \cdots, q$, 那么判别函数可取为 (这里仍采用马氏距离).

$$W_{ij}(x) = \left[x - \frac{1}{2}(\mu_i + \mu_j) \right]' \Sigma^{-1}(\mu_i - \mu_j), \quad i, j = 1, 2, \cdots, q, \qquad (6.6)$$

当 μ_i 和 Σ 都是未知时, 可用它们相应的估计代替.

6.2 费希尔判别

费希尔判别的基本思想是投影, 即将表面上不易分类的数据通过投影到某个方向上, 使用投影后类与类之间得以分离的一种判别方法.

仅考虑两总体的情况, 设两个 p 维总体为 X_1, X_2, 且都有二阶矩存在. 费希尔的判别思想为多元观测 x 到一元观测 y, 使得总体 X_1, X_2 产生的 Y 尽可能地分离开来.

费希尔提出把 Y 取为 $X = (X_1, X_2)'$ 的线性组合, 即 $Y = c_1 X_1 + c_2 X_2$, 它是三维空间的一个平面 π, 通过适当地选取 c_1 和 c_2 使得 X_1 的点和 X_2 的点投影在 π 平面上尽可能地分离开来, 即在 y 轴上尽可能地分离开来.

设在 p 维情况下, X 的线性组合为 $Y = l'X$, 其中 l 为 p 维实向量. 设 X_1, X_2 的均值向量分别为 μ_1, μ_2 (均为 p 维), 且有公共的协方差矩阵 Σ ($\Sigma > 0$). 那么线性组合 $Y = l'X$ 的均值为

$$\mu_{y1} = E(Y|x \in X_1) = l'\mu_1, \quad \mu_{y2} = E(Y|x \in X_2) = l'\mu_2, \qquad (6.7)$$

其方差为

$$\sigma_y^2 = \mathrm{Var}(Y) = l'\Sigma l. \qquad (6.8)$$

考虑比

$$\frac{(\mu_{1y} - \mu_{2y})^2}{\sigma_y^2} = \frac{[l'(\mu_1 - \mu_2)]^2}{l'\Sigma l} = \frac{(l'\delta)^2}{l'\Sigma l}, \qquad (6.9)$$

其中 $\delta = \mu_1 - \mu_2$ 为两总体均值向量差, 根据费希尔的思想, 我们需要选择 l 使得式 (6.9) 达到最大.

定理 6.1 x 为 p 维随机向量, 设 $Y = l'X$, 当取 $l = c\Sigma^{-1}\delta, c \neq 0$ 为常数时, 式 (6.9) 达到最大.

特别地, 当 $c = 1$ 时, 线性函数

$$Y = l'X = (\mu_1 - \mu_2)' \Sigma^{-1} X \tag{6.10}$$

称为费希尔线性判别函数. 令

$$K = \frac{1}{2}(\mu_{y1} + \mu_{y2}) = \frac{1}{2}(l'\mu_1 + l'\mu_2) = \frac{1}{2}(\mu_1 + \mu_2)' \Sigma^{-1}(\mu_1 - \mu_2). \tag{6.11}$$

定理 6.2 利用上面的记号, 取 $l' = (\mu_1 - \mu_2)' \Sigma^{-1}$, 则有 $\mu_{y1} - K > 0, \mu_{y2} - K < 0$.

由定理 6.2 我们得到如下的费希尔判别规则:

$$\begin{cases} x \in X_1, & (\mu_1 - \mu_2)' \Sigma^{-1} x \geqslant K, \\ x \in X_2, & (\mu_1 - \mu_2)' \Sigma^{-1} x < K, \end{cases} \tag{6.12}$$

实际中若出现 $(\mu_1 - \mu_2)' \Sigma^{-1} x = K$ 时, 则可将 x 判给 X_1, 也可将 x 判给 X_2, 但要慎重处理, 为了方便我们把它归入 X_1. 若令

$$\begin{aligned} W(x) &= (\mu_1 - \mu_2)' \Sigma^{-1} x - K \\ &= (\mu_1 - \mu_2)' \Sigma^{-1} x - \frac{1}{2}(\mu_1 + \mu_2)' \Sigma^{-1}(\mu_1 - \mu_2) \\ &= \left(x - \frac{1}{2}(\mu_1 + \mu_2)\right)' \Sigma^{-1}(\mu_1 - \mu_2), \end{aligned} \tag{6.13}$$

这样判别准则 (6.12) 就可以改写为

$$\begin{cases} x \in X_1, & W(x) \geqslant 0, \\ x \in X_2, & W(x) < 0, \end{cases} \tag{6.14}$$

对比 (6.2) 式和 (6.14) 式, 容易发现它们是完全一样的. 此外, 当总体的参数未知时, 我们采用样本进行估计, 注意到费希尔判别和最小距离判别一样不需要知道总体的分布类型, 但总体的均值向量必须有显著性差异才行, 否则判别无意义.

6.3 贝叶斯判别

贝叶斯判别与贝叶斯估计的思想是一致的, 即假定对研究的对象已经有一定的认识, 这种认识常用先验概率来描述, 当我们取得一个样本后, 就可以用样本来修正已有的先验概率分布, 得出后验概率分布, 再通过后验概率分布进行各种统计推断.

6.3.1 误判概率与误判损失

设有两个总体 X_1 和 X_2, 根据某一个判别规则, 将实际上为 X_1 的个体判为了 X_2 或将实际上为 X_2 的个体判为 X_1 的概率就称为误判概率. 一个好的判别准则应该使误判概率最小.

除此之外还有一个误判损失问题或误判产生的花费问题, 如果把 X_1 的个体误判为 X_2 的损失比将 X_2 的个体误判为 X_1 的损失严重得多, 则人们在做前一种判断时就需要特别谨慎. 例如在药品检验中把有毒的产品误判为无毒的后果要比把无毒的产品误判为有毒严重得多. 因此一个好的判别准则还需要使误判损失最小.

为了说明问题, 我们仍以两个总体的情况来讨论. 设所考虑的两个总体 X_1 和 X_2 分别具有密度函数 $f_1(x)$ 和 $f_2(x)$, 其中 x 为 p 维向量. 记 Ω 为 x 的所有可能观测值的全体, 称它为样本空间, R_1 为根据我们的规则要判为 X_1 的那些 x 的全体, 而 $R_2 = \Omega - R_1$ 是要判为 X_2 的那些 x 的全体.

显然, R_1 和 R_2 互相完备. 某样本实际是来自 X_1, 但被判为 X_2 的概率为

$$P(2|1) = P(x \in R_2 | X_1) = \int \cdots_{R_2} \int f_1(x)\mathrm{d}x, \qquad (6.15)$$

来自 X_2, 但被判为 X_1 的概率为

$$P(1|2) = P(x \in R_1 | X_2) = \int \cdots_{R_1} \int f_2(x)\mathrm{d}x. \qquad (6.16)$$

类似地, 来自 X_1 被判为 X_1 的概率和来自 X_2 被判为 X_2 的概率分别为

$$P(1|1) = P(x \in R_1 | X_1) = \int \cdots_{R_1} \int f_1(x)\mathrm{d}x, \qquad (6.17)$$

$$P(2|2) = P(x \in R_2 | X_2) = \int \cdots_{R_2} \int f_2(x)\mathrm{d}x. \qquad (6.18)$$

又设 p_1, p_2 分别表示总体 X_1 和 X_2 的先验概率, 且 $p_1 + p_2 = 1$, 于是

$$P(正确地判为 X_2) = P(2|2)p_1, \qquad (6.19)$$

$$P(误判到 X_2) = P(2|1)p_1, \qquad (6.20)$$

$$P(正确地被判为 X_1) = P(来自 X_1, 被判为 X_1)$$
$$= P(x \in R_1 | X_1)P(X_1) = P(1|1)p_1, \qquad (6.21)$$

$$P(误判到 X_1) = P(来自 X_2, 被判为 X_1)$$

$$= P(x \in R_1 | X_2)P(X_2) = P(1|2)p_2. \tag{6.22}$$

设 $L(1|2)$ 表示来自 X_2 误判为 X_1 引起的损失, $L(2|1)$ 表示来自 X_1 误判为 X_2 引起的损失, 并规定 $L(1|1) = L(2|2) = 0$. 将上述误判概率与误判损失结合起来, 定义平均误判损失 (expected cost of misclassification, ECM) 如下:

$$\mathrm{ECM}(R_1, R_2) = L(2|1)P(2|1)p_1 + L(1|2)P(1|2)p_2, \tag{6.23}$$

一个合理的判别规则应使 ECM 达到最小.

6.3.2 两总体的贝叶斯判别

由上面叙述知道, 我们要选择样本空间 Ω 的一个划分: R_1 和 $R_2 = \Omega - R_1$, 使得平均误判损失 (6.23) 式达到极小.

定理 6.3 极小化平均误判损失 (6.23) 的区域 R_1 和 R_2 分别为

$$R_1 = \left\{ x : \frac{f_1(x)}{f_2(x)} \geqslant \frac{L(1|2)}{L(2|1)} \frac{p_2}{p_1} \right\}, \quad R_2 = \left\{ x : \frac{f_1(x)}{f_2(x)} < \frac{L(1|2)}{L(2|1)} \frac{p_2}{p_1} \right\}. \tag{6.24}$$

当 $\frac{f_1(x)}{f_2(x)} = \frac{L(1|2)}{L(2|1)} \frac{p_2}{p_1}$ 时, 即 x 为边界点, 它可以归入 R_1 和 R_2 的任何一个, 为了方便就把它归入 R_1.

由定理 6.3, 我们得到两总体的贝叶斯判别准则

$$\begin{cases} x \in X_1, & \frac{f_1(x)}{f_2(x)} \geqslant \frac{L(1|2)}{L(2|1)} \frac{p_2}{p_1}, \\ x \in X_2, & \frac{f_1(x)}{f_2(x)} < \frac{L(1|2)}{L(2|1)} \frac{p_2}{p_1}, \end{cases} \tag{6.25}$$

应用此准则时仅仅需要计算

(1) 新样本点 $x_0 = (x_{01}, x_{02}, \cdots, x_{0p})'$ 的密度函数比 $f_1(x_0)/f_2(x_0)$;

(2) 损失比 $L(1|2)/L(2|1)$;

(3) 先验概率比 p_2/p_1.

损失和先验概率以比值形式出现是很重要的, 因为确定两种损失的比值 (或两总体的先验概率的比值) 往往比确定损失本身 (或先验概率本身) 来得容易. 下面列举 (6.25) 式的三种特殊情况.

(1) 当 $p_2/p_1 = 1$ 时

$$\begin{cases} x \in X_1, & \dfrac{f_1(x)}{f_2(x)} \geqslant \dfrac{L(1|2)}{L(2|1)}, \\[3mm] x \in X_2, & \dfrac{f_1(x)}{f_2(x)} < \dfrac{L(1|2)}{L(2|1)}. \end{cases} \tag{6.26}$$

(2) 当 $L(1|2)/L(2|1) = 1$ 时

$$\begin{cases} x \in X_1, & \dfrac{f_1(x)}{f_2(x)} \geqslant \dfrac{p_2}{p_1}, \\[3mm] x \in X_2, & \dfrac{f_1(x)}{f_2(x)} < \dfrac{p_2}{p_1}. \end{cases} \tag{6.27}$$

(3) 当 $p_2/p_1 = L(1|2)/L(2|1) = 1$ 时

$$\begin{cases} x \in X_1, & \dfrac{f_1(x)}{f_2(x)} \geqslant 1, \\[3mm] x \in X_2, & \dfrac{f_1(x)}{f_2(x)} < 1. \end{cases} \tag{6.28}$$

对于具体问题, 如果先验概率或其比值都难以确定, 就利用 (6.26) 式; 同样地, 如果误判损失或其比值难以确定, 就利用 (6.27) 式; 如果上述两者都难以确定, 则就利用 (6.28) 式.

我们将上述的两总体贝叶斯判别应用于正态总体 $X_i : N_p(\mu_i, \Sigma_i), i = 1, 2,$ 分两种情况讨论.

(1) $\Sigma_1 = \Sigma_2 = \Sigma(\Sigma > 0)$, 此时 X_i 的密度函数为

$$f_i(x) = (2\pi)^{-p/2} |\Sigma|^{-1/2} \exp \left\{ -\frac{1}{2}(x - \mu_i)' \Sigma^{-1}(x - \mu_i) \right\}. \tag{6.29}$$

定理 6.4 设总体 $X_i : N_p(\mu_i, \Sigma), i = 1, 2,$ 其中 $\Sigma > 0,$ 则使平均误判损失极小化的划分为

$$\begin{cases} R_1 = \{x : W(x) \geqslant \beta\}, \\ R_2 = \{x : W(x) < \beta\}, \end{cases} \tag{6.30}$$

其中

$$W(x) = \left[x - \frac{1}{2}(\mu_1 + \mu_2) \right]' \Sigma^{-1}(\mu_1 - \mu_2), \quad \beta = \ln \frac{L(1|2)}{L(2|1)} \frac{p_2}{p_1}. \tag{6.31}$$

不难发现, (6.31) 式的 $W(x)$ 与最小距离判别和费希尔判别的线性判别函数 (6.2) 式和 (6.14) 式是一致的, 判别规则也只是判别限不一样. 同理, 当总体参数

未知时, 可以采用样本进行估计, 见 (6.5) 式. 但需要注意的是, 总体参数用其估计代替时, 所得到的判别规则, 仅仅是在最优 (在平均误判损失达到极小的意义下) 规则的一个估计, 这时对一个具体问题而言, 并没有把握判断得到的规则能使得平均误判损失达到最小, 但当样本量充分大时, 估计量和真实参数十分接近, 因此我们有理由认为 "样本" 判别规则的性质会很好.

(2) $\Sigma_1 \neq \Sigma_2$ $(\Sigma_1 > 0, \Sigma_2 > 0)$.

由于误判损失极小化的划分依赖于密度函数之比 $f_1(x)/f_2(x)$ 或等价于它的对数 $\ln(f_1(x)/f_2(x))$, 把协方差矩阵不等的两个多元正态分布密度代入这个比后, 包含 $|\Sigma_i|^{-1}$ $(i = 1, 2)$ 的因子不能消去, 而且 $f_i(x)$ 的指数部分也不能组合成简单的表达式, 因此当 $\Sigma_1 \neq \Sigma_2$ 时, 由 (6.24) 式可得判别区域

$$\begin{cases} R_1 = \{x : W(x) \geqslant K\}, \\ R_2 = \{x : W(x) < K\}, \end{cases} \tag{6.32}$$

其中

$$W(x) = -\frac{1}{2}x'(\Sigma_1^{-1} - \Sigma_2^{-1})x + (\mu_1'\Sigma_1^{-1} - \mu_2'\Sigma_2^{-1})x, \tag{6.33}$$

$$K = \ln\left(\frac{L(1|2)}{L(2|1)}\frac{p_2}{p_1}\right) + \frac{1}{2}\ln\left(\frac{|\Sigma_1|}{|\Sigma_2|}\right) + \frac{1}{2}(\mu_1'\Sigma_1^{-1}\mu_1 - \mu_2'\Sigma_2^{-1}\mu_2), \tag{6.34}$$

显然, 判别函数 $W(x)$ 是二次函数, 它比 $\Sigma_1 = \Sigma_2$ 时的情况复杂得多, 同理当总体参数未知时, 可以采用样本进行估计.

6.3.3 多总体的贝叶斯判别

贝叶斯判别的本质就是找到一种使得平均误判损失达到最小的判别方法. 如果样本有 k 类, 分别是 $X_1, X_2, \cdots, X_k$, 相应的先验概率设为 $p_1, p_2, \cdots, p_k$, 假定所有的误判损失都是相同的, 则判别区域可以记为

$$R_i = \left\{ x \Big| p_i f_i(x) = \max_{1 \leqslant j \leqslant k} p_j f_j(x) \right\}, \quad i = 1, 2, \cdots, k. \tag{6.35}$$

当 k 类总体的协方差阵相同, 即 $\Sigma_1 = \Sigma_2 = \cdots = \Sigma_k = \Sigma$ 时, 概率密度函数为

$$f_j(x) = (2\pi)^{-p/2}|\Sigma|^{-1/2}\exp\left\{-\frac{1}{2}(x - \mu_j)'\Sigma^{-1}(x - \mu_j)\right\}, \quad j = 1, 2, \cdots, k. \tag{6.36}$$

则计算函数

$$d_j(x) = \frac{1}{2}(x - \mu_j)'\Sigma^{-1}(x - \mu_j) - \ln(p_j), \quad j = 1, 2, \cdots, k. \tag{6.37}$$

在计算中, 上式的协方差 Σ 可用估计值 $\hat{\Sigma}$ 代替.

当 k 类总体的协方差阵不同时, 概率密度函数为

$$f_j(x) = (2\pi)^{-p/2} |\Sigma_j|^{-1/2} \exp \left\{ -\frac{1}{2}(x - \mu_j)' \Sigma_j^{-1}(x - \mu_j) \right\}, \quad j = 1, 2, \cdots, k. \tag{6.38}$$

则计算函数

$$d_j(x) = \frac{1}{2}(x - \mu_j)' \Sigma_j^{-1}(x - \mu_j) - \ln(p_j) - \frac{1}{2}\ln(|\Sigma_j|), \quad j = 1, 2, \cdots, k. \tag{6.39}$$

实际计算中, 上式的协方差 Σ_j 可用估计值 $\hat{\Sigma}_j$ 代替.

判别区域 (6.35) 式等价于

$$R_i = \left\{ x \Big| d_i(x) = \max_{1 \leqslant j \leqslant k} d_j(x) \right\}, \quad i = 1, 2, \cdots, k. \tag{6.40}$$

6.4 稳健的稀疏判别

在 LASSO 提出之后就有了稀疏判别研究了. 比如 Tibshirani 等 (2002) 提出了 NSCC (nearest shrunken centroids classifier), Fan J Q 和 Fan Y(2008) 提出 FAIR(features annealed independence rules). 两者的模型都是假定分类使用的特征相互独立, 这两种方法的模型假定不够一般化, 并且容易错失重要的相关性特征. 所以下面我们先介绍更加一般化的模型.

Trendafilov 和 Jolliffe (2007) 和 Wu 等 (2009) 分别独立地提出稀疏的费希尔线性判别. 其表达式如下:

$$\min_\beta \beta' \hat{\Sigma} \beta, \quad (\beta' \hat{B} \beta)^{1/2} = 1, \quad \|\beta\|_1 \leqslant \tau. \tag{6.41}$$

以上的式子是普通费希尔判别在约束下的直接稀疏化的表达式, 计算复杂, 分析不易. 为此, Witten 和 Tibshirani (2011) 提出 LASSO 形式的线性稀疏判别, 表达式如下:

$$\max_\beta \left\{ \beta' \hat{B} \beta - \lambda \sum_{j=1}^p |s_j \beta_j| \right\}, \quad \beta' \hat{\Sigma} \beta \leqslant 1. \tag{6.42}$$

此外, Hastie 等 (2008) 提出判别分析可以通过最小二乘的正则形式获得. 进一步, Mai 等 (2012) 在此基础上提出了最小二乘形式的稀疏判别. 形式如下:

$$(\hat{\beta}^\lambda, \hat{\beta}_0^\lambda) = \operatorname*{argmax}_{\beta, \beta_0} \left\{ n^{-1} \sum_{i=1}^n (y_i - \beta_0 - x_i'\beta)^2 + \sum_{j=1}^p P_\lambda(|\beta_j|) \right\}. \tag{6.43}$$

该模型可以在特征相关的情况下, 准确地实现判别. 但模拟发现, 在有异常值的情况下, 该模型会出现大量误判, 基于此, 提出了稳健的稀疏判别. 模型如下:

$$\text{LAD-LASSO} = \sum_{i=1}^{n} \left| y_i - x'\hat{\beta} \right| + n \sum_{j=1}^{p} \lambda_j \left| \hat{\beta}_j \right|. \tag{6.44}$$

但 y 的取值需要变成代表类别的数字, 如果 1 类的数目为 n_1, 2 类的数目为 n_2, 那么 $y_1 = (n_1 + n_2)/n_1, y_2 = -(n_1 + n_2)/n_2, y$ 就是由 y_1 和 y_2 组成的响应变量的向量.

模拟: 随机产生 100 行 20 列的正态随机矩阵 x, 再产生一个 100 维的正态响应变量 y, 用弹性网估计参数获得拟合模型, 对应调整参数变化的弹性网拟合系数曲线如图 6.1.

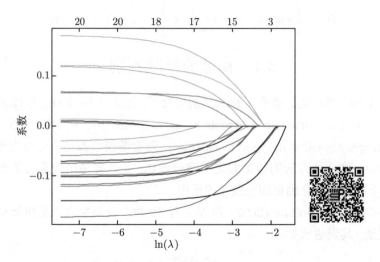

图 6.1   对应调整参数变化的弹性网拟合系数曲线 (彩图请扫二维码)

变量不相关的最小二乘稀疏判别

计算表明均值为 1 的类判断正确的概率为 0.9749, 而均值为 0 的一类样本判断成均值为 1 的类的概率为 0.0583(由于弹性网调整参数的变化, 每次运行结果会略有不同), 结果显示判断准确率很高, 误判概率很低.

变量相关的最小二乘稀疏判别

设置不同的样本相关系数, 模拟多次来观察相关系数对这种判别的影响, 表 6.1 列出了不同相关系数下的判别率如下.

表 **6.1**   不同相关系数的判别率

相关系数	0	0.2	0.4	0.6	0.8
判别率	0.976	0.971	0.969	0.962	0.921

由表 6.1 看出, 相关系数越大, 判别率越低, 说明相关系数对判别有影响.

下面考虑增加污染数据, 具体的做法是加入 10% 的正态污染 (同方差, 均值加 5), 做 LASSO 稀疏判别, 效果明显下降, 均值为 1 的类的检测样本判到 1 类的成功率为 0.529, 均值为 0 的类的检测样本判到 1 类的可能为 0.036.

利用分位数 LASSO 得到最小一乘的稳健稀疏判别, 同样的情况判别的成功率都有所提升, 分别是 0.587 和 0.004.

6.5 判别分析实例

本次案例采用的是第 5 章的旅游板块与航空板块的数据, 记旅游板块的 25 只股票对应的皆为 1, 航空板块的 29 只股票对应的皆为 2. 选取测试集为第 21, 22, 23, 24, 25, 51, 52, 53 和 54 个样本, 其余皆为训练集.

基于训练集数据, 分别采用距离判别、贝叶斯判别 (考虑为 (6.28) 式的情况) 和费希尔判别方法得到相应的判别函数, 并对测试集数据进行判别, 判别正确率结果见表 6.2, 测试集的判别结果见表 6.3. 表 6.2 和表 6.3 的结果表明, 当考虑两总体同方差时, 距离判别、贝叶斯判别和费希尔判别三种方法的判别结果是一致的, 这也印证了三者之间存在的特殊关系, 其在训练集和测试集上的预测效果也是最好的. 效果最差的是基于不同协方差阵的贝叶斯判别. 表 6.3 中的前 5 只股票正确判别应为 1, 后 4 只股票应为 2.

表 6.2　两总体不同判别分析方法的正确率

方法	协方差阵相同		协方差阵不相同	
	训练集正确率	测试集正确率	训练集正确率	测试集正确率
距离判别	0.8667	0.6667	0.8444	0.6667
贝叶斯判别	0.8667	0.6667	0.7111	0.5556
费希尔判别	0.8667	0.6667	—	—

表 6.3　测试集不同判别分析方法的预测效果

方法	协方差	云南旅游	丽江股份	*ST海创	宋城演艺	大连圣亚	中航西飞	中航沈飞	广联航空	晨曦航空
距离判别	相同	1	1	2	2	2	2	2	2	2
	不相同	1	1	2	2	1	2	2	1	2
贝叶斯判别	相同	1	1	2	2	2	2	2	2	2
	不相同	2	2	2	2	1	2	2	2	2
费希尔判别	相同	1	1	2	2	2	2	2	2	2

　　下面进行稳健的稀疏判别, 仍然使用上面旅游板块和航空板块的数据, 先用 LASSO 进行稀疏判别, 训练集旅游板块的正确率是 0.75, 航空板块的正确率是 0.88, 测试集旅游板块的正确率为零, 航空板块的正确率是 100%. 究其原因, 发现稀疏变量选择后, 仅仅剩下最后两个变量, 尤其最后一个变量是较大的负值, 刚好旅游板块测试集最后一个变量的取值都是负数, 从而导致全部误判.

　　考虑基于最小一乘的 LAD 稳健变量选择, 训练集旅游板块的正确率是 0.70, 航空板块的正确率是 0.88, 测试集旅游板块的正确率为零, 航空板块的正确率是 100%. 同样, 稀疏变量选择后, 仅仅剩下第一个变量, 且是较大的负值, 刚好旅游板块测试集 5 个旅游股第一个变量的取值都是负数, 从而导致全部误判.

　　就这个例子而言, 两种稀疏判别没有明显的差异. 主要是因为数据少, 数据污染问题并不突出.

第 7 章 逻辑斯谛回归与支持向量机

7.1 逻辑斯谛回归

7.1.1 二分类问题

当考虑二分类问题, 即 0-1 型因变量时, 普通的线性模型已经不能直接应用. 为此, 针对因变量为分类变量的回归模型, 统计学家对回归模型做出了两个方面的改进. 首先, 回归函数应该选用限制在 [0,1] 区间上的连续曲线; 其次, 因变量是离散的两个值, 不适合直接作回归模型的因变量, 应考虑在自变量已知的条件下因变量等于 1 的比例. 而逻辑斯谛回归 (Logistic regression) 就是满足以上要求、应用最广泛的模型之一, 它是广义线性模型的范畴, 具体形式为

$$P(y=1|x) = \frac{\exp\left(\beta_0 + \sum_{j=1}^{p}\beta_j x_j\right)}{1 + \exp\left(\beta_0 + \sum_{j=1}^{p}\beta_j x_j\right)} = \frac{1}{1 + \exp\left[-\left(\beta_0 + \sum_{j=1}^{p}\beta_j x_j\right)\right]}, \quad (7.1)$$

其中 $x_1, x_2, \cdots, x_p$ 为已知的自变量, $\beta_j, j = 0, 1, \cdots, p$ 为未知参数. 具体而言, 逻辑斯谛回归就是考虑因变量 y 服从均值为 $E(y) = \rho = \left[1 + \exp\left(-\left(\beta_0 + \sum_{j=1}^{p}\beta_j x_j\right)\right)\right]^{-1}$ 的 0-1 分布, 其概率函数为 $P(y=1) = \rho, P(y=0) = 1 - \rho$.

考虑来自模型 (7.1) 的样本 $\{(x_{i1}, x_{i2}, \cdots, x_{ip}, y_i) : i = 1, 2, \cdots, n\}$, 记

$$X = \begin{pmatrix} 1 & x_{11} & x_{12} & \cdots & x_{1p} \\ 1 & x_{21} & x_{22} & \cdots & x_{2p} \\ \vdots & \vdots & \vdots & & \vdots \\ 1 & x_{n1} & x_{n2} & \cdots & x_{np} \end{pmatrix},$$

$$\beta = (\beta_0, \beta_1, \cdots, \beta_p)', \quad Y = (y_1, y_2, \cdots, y_n)', \quad \rho = (\rho_1, \rho_2, \cdots, \rho_n)',$$

则 (7.1) 式可表示为

$$P(Y_i = 1|X_i) = \frac{\exp(X_i\beta)}{1 + \exp(X_i\beta)} = \frac{1}{1 + \exp(-X_i\beta)}. \quad (7.2)$$

由 (7.2) 可得到似然函数为

$$L = \prod_{i=1}^{n} P(Y_i = 1|X_i) = \prod_{i=1}^{n} \rho_i^{Y_i}(1-\rho_i)^{1-Y_i}, \tag{7.3}$$

两边同时取对数可得

$$\ln(L) = \sum_{i=1}^{n} [Y_i \ln(\rho_i) + (1-Y_i)\ln(1-\rho_i)]$$

$$= \sum_{i=1}^{n} \left[Y_i \ln\left(\frac{\rho_i}{1-\rho_i}\right) + \ln(1-\rho_i) \right], \tag{7.4}$$

即问题转化为求解 (7.4) 式的极大值点, 由于 (7.4) 式得不到显示解, 所以只能得到数值解.

在 R 软件中, 针对二分类问题, glm 函数提供了对广义线性模型的求解, 包括逻辑斯谛回归、泊松回归等. 本节只介绍逻辑斯谛回归的基本使用方法, 感兴趣的读者可以自行了解 glm 函数的其他功能 (表 7.1). 同样地, 逻辑斯谛回归和变量选择方法也可以结合在一起, 具体使用方法见第 2 章.

表 7.1　glm 函数表

glm(formula, family, data, weights)	
formula	R 公式 (与 lm 函数用法相同)
family	设定分布和连接函数, 逻辑斯谛回归为 family=binomial(link="logit")
data	数据框名 (与 lm 函数用法相同)
weights	权重

7.1.2　多分类问题

当因变量 y 取 K 个类别时, 记为 $1, 2, \cdots, K$. 这里的数字 $1, 2, \cdots, K$ 只是名义代号, 没有大小顺序的含义. 同理, 对于样本数据 $\{(x_{i1}, x_{i2}, \cdots, x_{ip}, y_i) : i = 1, 2, \cdots, n\}$, 多类别逻辑斯谛回归模型为

$$P(Y_i = k|X_i) = \frac{\exp(X_i\beta_k)}{\displaystyle\sum_{j=1}^{K} \exp(X_i\beta_j)}, \quad i = 1, 2, \cdots, n, \quad k = 1, 2, \cdots, K, \tag{7.5}$$

其中 $\beta_j = (\beta_{0j}, \beta_{1j}, \cdots, \beta_{pj})'$, $j = 1, 2, \cdots, K$, (7.5) 式表示第 i 个样本的因变量 Y_i 取第 k 个类别时的概率. 但由于 (7.5) 式中各个回归系数不是唯一确定的, 每个回归系数同时减去一个常数后结果不变, 因此可以考虑令 $\beta_1 = 0$, 则得到

$$P(Y_i = k | X_i) = \frac{\exp(X_i\beta_k)}{1 + \sum_{j=2}^{K} \exp(X_i\beta_j)}, \quad i = 1, 2, \cdots, n, \quad k = 1, 2, \cdots, K. \quad (7.6)$$

这时表达式中的每个回归系数都是唯一确定的, 第一个类别的回归系数 $\beta_1 = 0$, 其他的回归系数值都是以第一个类别为参照.

在 R 软件中, 针对多分类问题, mlogit 包中的 mlogit 函数提供了具体的求解方法, 见表 7.2.

表 7.2   mlogit 函数表

mlogit(formula,data,weights)	
formula	R 公式 (与 lm 函数用法相同)
data	数据框名 (与 lm 函数用法相同)
weights	权重

7.1.3   顺序类别问题

当因变量 y 取 K 个顺序类别时, 记为 $1, 2, \cdots, K$. 这里的数字 $1, 2, \cdots, K$ 依次表示顺序的先后. 这种问题在问卷调查中经常出现, 如非常不满意、不满意、一般、满意、非常满意 5 个顺序类别. 对于样本数据 $\{(x_{i1}, x_{i2}, \cdots, x_{ip}, y_i) : i = 1, 2, \cdots, n\}$, 顺序类别回归模型主要包括位置结构模型和规模结构模型.

(1) 位置结构模型

$$\text{link}(\eta_{ik}) = \theta_k - (\beta_1 x_{i1} + \beta_2 x_{i2} + \cdots + \beta_p x_{ip}), \quad (7.7)$$

其中 $\text{link}(\cdot)$ 表示连接函数, $\eta_{ik} = \rho_{i1} + \rho_{i2} + \cdots + \rho_{ik}$ 是第 i 个样本的因变量 Y_i 小于等于 k 的累积概率. 因为 $\eta_{iK} = 1$, 所以 (7.7) 式只针对 $i = 1, 2, \cdots, n, k = 1, 2, \cdots, K - 1$. θ_k 表示类别界限值.

(2) 规模结构模型

$$\text{link}(\eta_{ik}) = \frac{\theta_k - (\beta_1 x_{i1} + \beta_2 x_{i2} + \cdots + \beta_p x_{ip})}{\exp(\tau_1 z_{i1} + \tau_2 z_{i2} + \cdots + \tau_m z_{im})}, \quad (7.8)$$

其中 $z_1, z_2, \cdots, z_m$ 是 $x_1, x_2, \cdots, x_p$ 的一个子集, 作为规模结构解释变量.

在 R 软件中, 针对顺序类别问题, MASS 包中的 polr 函数提供了具体的求解位置结构模型方法 (表 7.3). 该函数还提供了可选择的连接函数 $\text{link}(\cdot)$ 的 5 种类型, 分别为 Logit(适用各类别为均匀分布)、Complementary log-log(适用高层类别概率大的情形)、Negative log-log(适用低层类别概率大的情形)、Probit(适用各类别为正态分布)、Cauchit(适用两端类别出现概率大的情形).

表 7.3   polr 函数表

polr(formula, data, weights, method)	
formula	R 公式 (与 lm 函数用法相同)
data	数据框名 (与 lm 函数用法相同)
weights	权重
method	选择连接函数的类型, 默认选择''logistic''

7.2   支持向量机

针对样本的二分类问题, Vladimir Vapnik 等在 1992 年提出了支持向量机 (support vector machine, SVM) 模型. SVM 模型有很强的几何背景, 且算法容易实现, 在实际应用中表现很好, 目前已经是一个被广泛使用的判别分析方法.

SVM 模型最初从考虑线性可分的问题出发. 一个二分类的数据集, 如果可以通过一个线性函数完成分类, 则称该数据集是线性可分的数据集. 参见图 7.1 所示, 该二维数据集通过直线 H_0 (三维是平面, 高维则是超平面) 可以实现划分, 那么该数据集就是线性可分的. 然而, 对于一个线性可分的数据集 S, 并不只有一种划分的方式, 如前例中直线 H_1 和 H_2 也可以实现划分. 因此, 一个显然问题就是哪种划分较为合理, SVM 模型就是解决该困扰的一个方案.

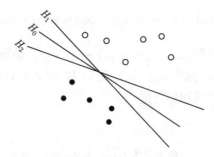

图 7.1   线性可分数据集示意图

7.2.1   硬间距 SVM 模型

为了阐明 SVM 模型的原理, 首先介绍硬间距 (hard-margin) SVM 模型. 所谓硬间距, 就是指样本被假设成严格线性可分的, 见图 7.2. 直线可以实现数据集的划分, 并且没有任何一个数据违反该划分. 下面, 我们详细阐述这一模型.

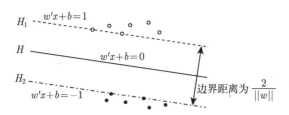

图 7.2　硬间距支持向量机的几何原理示意图

考虑数据集 S 的二分类问题, 类属性记为 $+1$ 和 -1. 不妨设 w 是超平面的法向量, b 是超平面的位移 (截距). 那么, 空间中任意一点 $x \in \mathbf{R}^p$ 到该超平面 (w', b) 的距离 r, 由几何知识可以表示成

$$r = \frac{|w'x + b|}{\|w\|_2^2}. \tag{7.9}$$

假设超平面 (w', b) 可以正确分类, 那么对任意的 $(x_i', y_i) \in S$, 若 $y_i = +1$, 则有 $w'x_i + b \geqslant 0$; 若 $y_i = -1$, 则有 $w'x_i + b < 0$. 这样, 我们总可以通过缩放变换使得下面的结论成立:

$$\begin{cases} w'x_i + b \geqslant +1, & y_i = +1, \\ w'x_i + b \leqslant -1, & y_i = -1 \end{cases} \Leftrightarrow y_i(w'x_i + b) \geqslant 1. \tag{7.10}$$

上式等号成立的点即满足 $w'x_i + b = 1$ 或 $w'x_i + b = -1$, 说明这些点恰好位于临界平面上 (即将超平面 (w', b) 平移, 首次和两类样本点相交的超平面, 如图 7.2 的 H_1 和 H_2). SVM 模型的分类思想即让间距最大, 不难求出临界超平面的间距为 $2/\|w\|_2^2$, 则 SVM 模型可写成

$$\begin{aligned} \max_{w,b} \quad & \frac{2}{\|w\|_2^2} \\ \text{s.t.} \quad & D(Xw + \mathbf{1}b) \geqslant \mathbf{1}, \end{aligned} \tag{7.11}$$

其中 $D = \mathrm{diag}\{y_1, y_2, \cdots, y_n\}, X = (x_1, x_2, \cdots, x_n)', \mathbf{1} = (1, 1, \cdots, 1)'$ 为 n 维列向量. 为了优化的方便, 我们可以将上式写成

$$\begin{aligned} \min_{w,b} \quad & \frac{1}{2}\|w\|_2^2 \\ \text{s.t.} \quad & D(Xw + \mathbf{1}b) \geqslant \mathbf{1}, \end{aligned} \tag{7.12}$$

便得到了硬间距 SVM 模型的表达式.

下面我们讨论 SVM 模型 (7.12) 式的求解过程. 考虑到上式是一个凸优化问题, 先将约束条件代到目标函数中得到拉格朗日函数

$$L(w, b, \alpha) = \frac{1}{2}w'w + \alpha'\left(\mathbf{1} - D(Xw + \mathbf{1}b)\right), \tag{7.13}$$

其中 $\alpha = (\alpha_1, \alpha_2, \cdots, \alpha_n)'$ 且 $\alpha_i \geqslant 0\ (i = 1, 2, \cdots, n)$ 是拉格朗日乘子. 对 (7.13) 式两个变量分别求偏导, 并令其为零得

$$\begin{cases} \dfrac{\partial L}{\partial w} = w - X'D\alpha = 0, \\[2mm] \dfrac{\partial L}{\partial b} = -\alpha'D\mathbf{1} = 0 \end{cases} \Leftrightarrow \begin{cases} w = X'D\alpha, \\[2mm] \alpha'D\mathbf{1} = 0. \end{cases} \tag{7.14}$$

整理上式的结果再考虑约束条件, 就得到原问题的对偶问题:

$$\begin{aligned} \min_{\alpha \geqslant 0} &\ \frac{1}{2}\alpha'DXX'D\alpha - \mathbf{1}'\alpha \\ \text{s.t.} &\ \ \alpha'D\mathbf{1} = 0, \end{aligned} \tag{7.15}$$

上式的求解算法已经发展得相当成熟, 目前比较流行的算法有 SMO, SVMLight 等. 因此, 当解出 α 后, 可以得到分类超平面的方程为

$$f(x) = w'x + b = \alpha'DX \cdot x + b. \tag{7.16}$$

此时, 我们重新回顾上述的流程可以看到: 对偶问题中的拉格朗日乘子 α 在大于零的条件下的优化问题, 相当于一个带 L_1 罚项的正则化问题, 即可能产生 α 的稀疏解. 另一方面, α 的每一个分量正好和训练集的每个样本一一对应. 考虑到在优化过程中需要满足 KKT (Karush Kuhn Tucker) 条件, 即

$$\begin{cases} \alpha \geqslant 0, \\ D(Xw + \mathbf{1}b) - \mathbf{1} \geqslant 0, \\ \alpha'\left(D(Xw + \mathbf{1}b) - \mathbf{1}\right) = 0 \end{cases} \Leftrightarrow \begin{cases} \alpha_i \geqslant 0, \\ y_i(w'x_i + b) - 1 \geqslant 0, \qquad i = 1, 2, \cdots, n. \\ \alpha'\left(y_i(w'x_i + b) - 1\right) = 0, \end{cases}$$
$$\tag{7.17}$$

当其中某个分量如 $\alpha_i = 0$ 时, 结合 (7.17) 式可知相应的样本 (x_i', y_i) 对超平面没有贡献信息; 反之, 当 $\alpha_i > 0$ 时, 相应的样本 (x_i', y_i) 对超平面的构建提供信息, 且由 (7.17) 式得 $y_i(w'x_i + b) - 1 = 0$, 这些点便是图 7.2 所示的 "临界" 平面上的点.

　　因此, SVM 模型中并不需要全部的训练数据对超平面提供信息, 仅需要临界平面上的数据点的 "支持" 即可. 理论上将临界平面上以外的数据点剔除一个, 不会影响超平面的结果. 这便是支持向量机中 "支持" 二字的来源.

7.2.2 软间距 SVM 模型

实际问题中, 样本被假设成严格线性可分的条件太强, 这将使硬间距 SVM 模型容易发生过度拟合. 因此, 更合理的模型是软间距 (soft-margin) SVM 模型. 所谓软间距, 就是允许一些点不满足线性可分的约束条件, 见图 7.3.

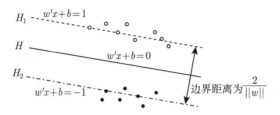

图 7.3 软间距支持向量机的几何原理示意图

当然, 我们不希望这样的点太多, 否则得到分类模型就无意义. 因此, 我们对违反约束的点进行一定的惩罚, 将这种 "违反" 程度控制在一个可接受的范围内. 这样, 软间距 SVM 模型可以写成

$$
\begin{aligned}
\min_{w,b} \quad & \frac{1}{2}\|w\|_2^2 + C\mathbf{1}'\xi \\
\text{s.t.} \quad & D(Xw + \mathbf{1}b) \geqslant \mathbf{1} - \xi, \\
& \xi \geqslant 0,
\end{aligned}
\tag{7.18}
$$

其中 $\xi = (\xi_1, \xi_2, \cdots, \xi_n)'$ 表示被错分的情况, $C > 0$ 是给定的惩罚常数, 它控制对错分样本惩罚的程度, 若 C 值越大, 则对错分样本的惩罚越大, C 的选取通常采用交叉验证的方法得到.

类似地, 我们可以采用前述的方式, 通过构造拉格朗日函数得到对偶问题:

$$
\begin{aligned}
\min_{\alpha \geqslant 0} \quad & \frac{1}{2}\alpha' DXX'D\alpha - \mathbf{1}'\alpha \\
\text{s.t.} \quad & \alpha'D\mathbf{1} = 0, \; 0 \leqslant \alpha \leqslant C\mathbf{1},
\end{aligned}
\tag{7.19}
$$

可见, (7.19) 式与硬间距 SVM 模型唯一的区别在于 α 的约束条件由 $\alpha \geqslant 0$ 变成 $0 \leqslant \alpha \leqslant C\mathbf{1}$, 前述的算法依然可以用来求解该模型, 在此不再赘述.

7.2.3 非线性 SVM 模型

虽然 SVM 模型已经不需要样本本身严格线性可分的条件保证, 但如果样本实际是非线性可分的, 见图 7.4 的左图. 那么此时 SVM 模型还可以使用吗? 由于 SVM 模型对数据的要求是线性可分, 那么非线性可分的数据若要使用该模型, 就意味着要先跨越线性和非线性之间的 "鸿沟". 所幸, 这样的 "桥梁" 是存在的, 即基映射: 如果原始空间是有限维的, 那么一定存在一个高维特征空间使样本线性可分.

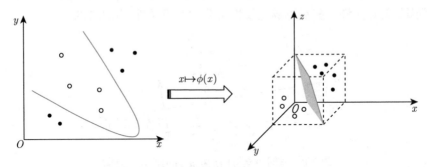

图 7.4　非线性可分数据变换到高维线性可分数据示意图

　　因此, 当样本非线性可分时, 我们可以利用变量映射, 将低维空间的点映射到高维空间中去, 并假设在高维空间中是线性可分的 (图 7.4). 此时, 在高维空间中对变换后的数据用原有的 SVM 模型进行研究.

　　为讨论方便, 不妨设变换的映射为 $x \mapsto \phi(x)$, 那么相应的超平面 (w', b) 可以表示成 $w'\phi(x) + b = 0$. 此时, 高维空间下的 SVM 模型可以写成

$$
\begin{aligned}
\min_{w,b} \quad & \frac{1}{2}\|w\|_2^2 + C\mathbf{1}'\xi \\
\text{s.t.} \quad & D\left(\phi(X)w + \mathbf{1}b\right) \geqslant \mathbf{1} - \xi, \\
& \xi \geqslant 0,
\end{aligned}
\tag{7.20}
$$

其中 $\phi(X) = (\phi(x_1), \phi(x_2), \cdots, \phi(x_n))'$ 是高维空间数据的设计阵. 仿照对偶方程式, 可以得到上式的对偶方程为

$$
\min_{\alpha \geqslant 0} \frac{1}{2}\alpha'D\phi(X)\phi'(X)D\alpha - \mathbf{1}'\alpha
$$

$$
\text{s.t.} \quad \alpha'D\mathbf{1} = 0, 0 \leqslant \alpha \leqslant C\mathbf{1},
\tag{7.21}
$$

其中

$$
\phi(X)\phi'(X) = \begin{pmatrix} \phi'(x_1)\phi(x_1) & \cdots & \phi'(x_1)\phi(x_n) \\ \vdots & & \vdots \\ \phi'(x_n)\phi(x_1) & \cdots & \phi'(x_n)\phi(x_n) \end{pmatrix},
\tag{7.22}
$$

即元素 (i,j) 对应样本 x_i 和 x_j 在高维空间的内积. 但上述的映射不唯一, 且能够实现线性可分的映射虽然存在, 但是要找到具体形式几乎不可能. 为此, Cortes

和 Vapnik (1995) 根据 Anderson 和 Bahadur 在 1966 年关于 Hilbert 空间中内积的一般形式的结论: 一个空间中的内积运算可以通过 "核函数" 进行计算, 即 $\phi(x_i)'\phi(x_j) = K(x_i, x_j)$. 故 (7.22) 式可以转化为

$$\phi(X)\phi(X)' = \begin{pmatrix} K(x_1, x_1) & \cdots & K(x_1, x_n) \\ \vdots & & \vdots \\ K(x_n, x_1) & \cdots & K(x_n, x_n) \end{pmatrix}. \tag{7.23}$$

根据核函数的定义可知, 对任意的样本数据集, (7.23) 式的矩阵总是半正定的. 常用的核函数包括线性核函数、多项式核函数、高斯核函数、径向基核函数以及 Sigmoid 核函数.

在 R 软件中, SVM 的求解有很多包和函数, 例如 kernlab 包中的 ksvm 函数、klaR 包中的 svmlight 函数、e1071 包中的 svm 函数等. 这里仅介绍更常用的 svm 函数, 该函数提供了求解 SVM 和支持向量回归的方法. 该函数详细内容见表 7.4.

表 7.4 svm 函数表

svm(formula, data, scale, type, kernel, degree, gamma, cost, epsilon, na.action)	
formula	R 公式 (与 lm 函数用法相同)
data	数据框名 (与 lm 函数用法相同)
scale	对数据是否进行标准化, 默认为 TRUE
type	选择 SVM 的类型 (如''C-classification''、''eps-regression'' 等)
kernel	选择核函数的类型 (如''linear''、''polynomial''、''radial basis'' 等)
degree	确定多项式核中的阶数, 默认为 3
gamma	确定多项式核和径向基核中的参数 γ
cost	确定惩罚参数 C
epsilon	确定支持向量回归中的 ε 带, 默认为 0.1
na.action	默认取''na.omit'' 表示忽略带缺失的观测, 反之取''na.fail''
tune.svm(formula, data, scale, type, kernel, degree, gamma, cost, na.action)	
degree	确定多项式核中的阶数, 应设置为包含可能参数的向量
gamma	确定多项式核和径向基核中参数 γ, 应设置为包含可能参数的向量
cost	确定惩罚参数 C, 应设置为包含可能参数的向量
其他参数与 svm 用法相同, 该函数返回基于 10 折交叉验证的最优参数值	

7.3 逻辑斯谛回归与支持向量实例

本次案例采用的是第 5 章的旅游板块与航空板块的数据, 记旅游板块的 25 只股票对应的皆为 0 或 -1, 航空板块的 28 只股票对应的皆为 1. 选取测试集为第 21, 22, 23, 24, 25, 51, 52, 53 和 54 个样本, 其余皆为训练集.

7.3.1   逻辑斯谛回归实例

首先我们采用逻辑斯谛回归对该数据进行拟合并得到相应的逻辑斯谛回归模型. 在实际应用中, 我们十分关心模型的敏感性和特异性, 所谓敏感性指的是真阳性, 而特异性指的是真阴性. 为此我们利用接收者工作特征 (receiver operating characteristic, ROC) 曲线和 ROC 曲线的面积 (area under the curve, AUC) 值来刻画敏感性和特异性, 见图 7.5. 图 7.5 显示 AUC 值达到了 95.4%, 说明模型能够很好地刻画数据, 当选定阈值为 0.611 时, 得到的敏感性为 95%, 特异性为 88%, 对应的训练集和测试集的正确率见表 7.5.

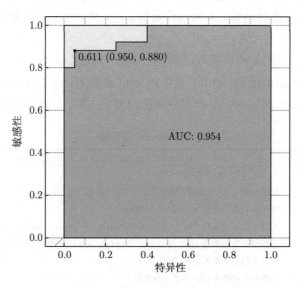

图 7.5   ROC 曲线与 AUC 值

表 7.5   逻辑斯谛回归和支持向量机分类的正确率

方法	训练集正确率	测试集正确率
逻辑斯谛回归	0.9111	0.4444
LASSO 逻辑斯谛回归	0.8222	0.4444
线性支持向量机	0.8222	0.4444
非线性支持向量机	1.0000	0.6667

结合 summary 函数可以发现逻辑斯谛回归模型中只有均涨幅变量是显著的, 其他变量均不显著, 因此进一步我们可以考虑对逻辑斯谛回归模型进行变量选择, 这里我们以采用 LASSO 为例对其进行变量选择, 基于 10 折交叉验证选取最优参数为 0.2151, 见图 7.6. 此时对应的逻辑斯谛回归模型只有一个自变量 (实体涨幅) 和常数项, 模型的训练集和测试集预测正确率见表 7.5.

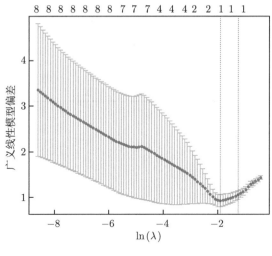

图 7.6 交叉验证图

7.3.2 支持向量实例

这里我们还可以采用支持向量机对该数据进行分类. 当假定样本为线性可分时, 给定一系列惩罚常数, 基于 10 折交叉验证确定惩罚常数为 $C = 1$, 预测正确率见表 7.5. 当假定样本为线性不可分, 即采用非线性支持向量机时, 选择径向核函数, 同样基于 10 折交叉验证选择最优参数, 其可视化结果见图 7.7, 模型在训练集和测试集的预测正确率见表 7.5.

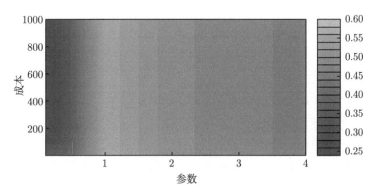

图 7.7 非线性支持向量机不同参数组合预测的错误率可视化图

根据表 7.5 和表 7.6 的结果可知, 采用非线性支持向量机的内预测和外预测效果都最好, 而逻辑斯谛回归、LASSO 逻辑斯谛回归和线性支持向量机在测试集上的预测效果都是一样的, 但通过变量选择后的逻辑斯谛回归仅仅有一个自变量.

表 7.6　测试集的预测结果

方法	云南旅游	丽江股份	*ST 海创	宋城演艺	大连圣亚	中航西飞	中航沈飞	广联航空	晨曦航空
逻辑斯谛回归	1	1	1	1	1	1	1	1	1
LASSO 逻辑斯谛回归	1	1	1	1	1	1	1	1	1
线性支持向量机	1	1	1	1	1	1	1	1	1
非线性支持向量机	−1	−1	1	1	−1	1	1	1	−1

第 8 章　主成分分析

主成分分析法 (principal component analysis, PCA) 是 1901 年皮尔逊对非随机变量引入的, Hotelling 在 1933 年将此方法推广到随机向量的情形.

主成分分析的目的就是希望用较少的变量解释原来资料中的大部分变异, 将手中许多相关性很高的变量转化为彼此相互独立或不相关的变量. 通常是选出比原始变量个数少, 能解释大部分资料中的变异的几个新变量, 即所谓的主成分. 主成分分析在金融市场、数据挖掘、图像处理、模式识别、生物基因研究等领域应用广泛, 本章主要介绍经典的主成分分析和稀疏主成分分析方法.

8.1　主　成　分

8.1.1　基本思想

PCA 的本质是从原始数据空间依次寻找互相正交的方向 (坐标轴), 其中原始数据在第一个方向 F_1 上方差最大, 在与 F_1 垂直的第二方向 F_2 上方差也最大, 每次寻找一个新方向 F_i 都使其满足与 $F_1, F_2, \cdots, F_{i-1}$ 分别正交且在该方向上原始数据的方差最大. 需要注意的是, PCA 中方差最大化的目的在于寻找到数据变化最大的方向, 以便于掌握数据的主要信息.

例如, 假设我们搜集到一组二维的信号数据, 见图 8.1. 现在要分析该数据携带的信号以及可能夹杂的噪声. 显然, 通过原始数据的两个方向 x_1, x_2, 我们很难判断该数据主要的变动方向, 也就不易找出其包含的主要信息. 此时, 如果将坐标轴变成 F_1, F_2 再来研究数据, 就清楚地看出数据在 F_2 方向的变动范围最大, 且方差最大, 可以表示这个信号主要的变动信息; 而数据在 F_1 方向的变动范围很窄, 且方差小, 可以看成是信号的干扰噪声. 可以看出, 原始数据在新的方向下性质更加容易理解和研究.

设 $X_1, X_2, \cdots, X_p$ 表示以 $x_1, x_2, \cdots, x_p$ 为样本观测值的随机变量, 由于方差反映了数据差异的程度, 如果能找到 $c_1, c_2, \cdots, c_p$, 使得

$$\text{Var}(c_1 X_1 + c_2 X_2 + \cdots + c_p X_p) \tag{8.1}$$

的值达到最大, 也就表明我们抓住了这 p 个变量的最大变异. 显然 (8.1) 式的权重必须加上某种限制, 否则权值可选择无穷大而没有意义, 通常规定:

$$c_1^2 + c_2^2 + \cdots + c_p^2 = 1, \tag{8.2}$$

在此约束下, 求解 (8.1) 式的最优解. 由于这个解是 p 维空间的一个单位向量, 它代表一个 "方向", 即主成分方向.

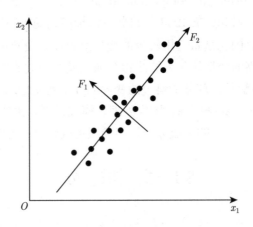

图 8.1 含有噪声二维信号数据示意图

一个主成分不足以代表原来的 p 个变量, 因此需要寻找第二个乃至第三、四个主成分, 第二个主成分不应该再包含第一个主成分的信息, 即这两个主成分的协方差等于 0, 几何上就是这两个主成分的方向是正交的. 具体确定各个主成分的方法如下.

设 $Z_i(i = 1, 2, \cdots, p)$ 表示第 i 个主成分, 可设

$$\begin{cases} Z_1 = c_{11}X_1 + c_{12}X_2 + c_{1p}X_p, \\ Z_2 = c_{21}X_1 + c_{22}X_2 + c_{2p}X_p, \\ \qquad \cdots\cdots \\ Z_p = c_{p1}X_1 + c_{p2}X_2 + c_{pp}X_p, \end{cases} \tag{8.3}$$

其中对每个 i, 均有 $c_{i1}^2 + c_{i2}^2 + \cdots + c_{ip}^2 = 1$, 且 $(c_{11}, c_{12}, \cdots, c_{1p})$ 使得 $\mathrm{Var}(Z_1)$ 达到最大; $(c_{21}, c_{22}, \cdots, c_{2p})$ 不仅垂直于 $(c_{11}, c_{12}, \cdots, c_{1p})$, 且使 $\mathrm{Var}(Z_2)$ 达到最大; $(c_{31}, c_{32}, \cdots, c_{3p})$ 同时垂直于 $(c_{11}, c_{12}, \cdots, c_{1p})$ 和 $(c_{21}, c_{22}, \cdots, c_{2p})$, 且使 $\mathrm{Var}(Z_3)$ 达到最大; 以此类推可得全部 p 个主成分. 剩下的是如何确定主成分的个数, 总结在以下几个注意事项中:

(1) 主成分分析的结果受量纲的影响, 由于各变量的单位可能不一样, 如果各自改变量纲, 如某个变量把万元改为元作单位, 得到的结果会不一样, 这是主成分分析的最大问题, 实际中可以把各变量标准化, 然后再使用协方差矩阵或相关系数矩阵进行分析, 从而避免受量纲的影响.

(2) 为了使方差达到最大的主成分分析不用转轴 (由于统计软件常把主成分分析和因子分析放在一起, 后者往往需要转轴, 使用时应留意).

(3) 成分的保留: 用相关系数矩阵求主成分时, Kaiser 主张将特征值小于 1 的主成分予以放弃 (这也是 R 软件的默认值).

(4) 在实际研究中, 由于主成分的目的是降维, 减少变量的个数, 故一般选取少量的主成分, 只要它们能解释变异的 70%∼80%(称累积贡献率) 就可以.

8.1.2 样本主成分

设有 p 个随机变量 $X_1, X_2, \cdots, X_p$, 它们在第 i 次试验的取值为 $x_{i1}, x_{i2}, \cdots, x_{ip}, i = 1, 2, \cdots, n$. 写成矩阵的形式如下:

$$X = (x_1, x_2, \cdots, x_p) = \begin{pmatrix} x_{11} & x_{12} & \cdots & x_{1p} \\ x_{21} & x_{22} & \cdots & x_{2p} \\ \vdots & \vdots & & \vdots \\ x_{n1} & x_{n2} & \cdots & x_{np} \end{pmatrix}, \tag{8.4}$$

(8.4) 式即为样本数据矩阵, 假定 X 已经标准化 (即对 X 的每个分量 x_j 均已标准化).

考虑任意的一个线性组合

$$z = c_1 x_1 + c_2 x_2 + \cdots + c_p x_p, \quad \sum_{j=1}^{p} c_j^2 = 1, \tag{8.5}$$

将 z 视为一个新的变量, 则 z 在第 i 次试验中的取值为

$$z_i = c_1 x_{i1} + c_2 x_{i2} + \cdots + c_p x_{ip}, \quad i = 1, 2, \cdots, n. \tag{8.6}$$

由于 x 已经标准化, 因此

$$\bar{z} = \frac{1}{n} \sum_{i=1}^{n} \sum_{j=1}^{p} c_j x_{ij} = \frac{1}{n} \sum_{j=1}^{p} c_j \sum_{i=1}^{n} x_{ij} = 0. \tag{8.7}$$

记 $l = (c_1, c_2, \cdots, c_p)'$, 则样本方差为

$$s^2 = \frac{1}{n-1} \sum_{i=1}^{n} (z_i - \bar{z})'(z_i - \bar{z}) = \frac{1}{n-1} \sum_{i=1}^{n} z_i' z_i = \frac{1}{n-1} l' X' X l. \tag{8.8}$$

对于新变量 z 来说, 如果在 n 次试验之下它的取值变化不大, 即是说 s^2 较小, 则这个新变量可以去掉. 反之 s^2 较大, 那么这个新变量有较大的变化, 它的作用就比较明显. 由于 z_i 的取值与 c_j 有关. 因此总希望选择的 $c_j(j = 1, 2, \cdots, p)$, 使 s^2 达到最大.

如果 $X'X$ 的特征值依次为 $\lambda_1 \geqslant \lambda_2 \geqslant \cdots \geqslant \lambda_p$, 它们所对应的标准化正交特征向量为 $\eta_1, \eta_2, \cdots, \eta_p$, 则 $s^2 = l'X'Xl/(n-1)$ 的最大值在 $l = \eta_1$ 时达到最大, 且最大值为 $\lambda_1/(n-1)$. 此时新变量 z 即为

$$z = X\eta_1,$$

常记 $z_1 = X\eta_1$, 称为自变量的第一主成分. 一般地, 如果已经确定了 k 个主成分

$$z_j = X\eta_j, \quad j = 1, 2, \cdots, k, \tag{8.9}$$

则第 $k+1$ 个主成分 $z_{k+1} = Xl$ 可由下面两个条件决定:

(1) $l'\eta_j = 0, j = 1, 2, \cdots, k, l'l = 1$;

(2) 在条件 (1) 下, 使 s^2 达到最大.

由二次型的极值可知, 第 $k+1$ 个主成分就是 $z_{k+1} = X\eta_{k+1}$, 这样, 一共可以找到 p 个主成分 $z_j = X\eta_j, j = 1, 2, \cdots, p$.

将 $x_1, x_2, \cdots, x_p$ 变换为主成分 $z_1, z_2, \cdots, z_p$, 令

$$Z = (Z_1, Z_2, \cdots, Z_p) = \begin{pmatrix} z_{11} & z_{12} & \cdots & z_{1p} \\ z_{21} & z_{22} & \cdots & z_{2p} \\ \vdots & \vdots & & \vdots \\ z_{n1} & z_{n2} & \cdots & z_{np} \end{pmatrix}, \tag{8.10}$$

记 $Q = (\eta_1, \eta_2, \cdots, \eta_p)_{p \times p}$ 为标准化正交阵, $Z = XQ$ 是样本主成分, 且

$$Z'Z = Q'X'XQ = \Lambda = \begin{pmatrix} \lambda_1 & & 0 \\ & \ddots & \\ 0 & & \lambda_p \end{pmatrix}, \tag{8.11}$$

由 (8.11) 式可知, $X'X$ 的特征值 λ_j 度量了第 j 个主成分 z_j 在 n 次试验中取值变化大小.

对于样本主成分有如下的性质:

(1) $\mathrm{Var}(Z_j) = \dfrac{\lambda_j}{n-1}, j = 1, 2, \cdots, p$;

(2) $\mathrm{cov}(Z_i, Z_j) = 0, i, j = 1, 2, \cdots, p, i \neq j$;

(3) 样本的总方差为 $\displaystyle\sum_{j=1}^{p} \dfrac{\lambda_j}{n-1}$.

8.1.3 特征值因子的筛选

实际中确定方程组 (8.3) 中的系数就是采用 (8.11) 式中的特征向量. 因此, 剩下的问题仅仅是将 $X'X$ 的特征值按照从大到小的顺序排列, 如何筛选这些特征值? 一个实用的方法是删去 $\lambda_{r+1}, \lambda_{r+2}, \cdots, \lambda_p$ 后, 这些删去的特征值之和占整个特征值之和 $\sum_{j=1}^{p} \lambda_j$ 的 15% 以下, 换句话说, 余下的特征值所占的比重 (定义为累积贡献率) 将超过 85%. 当然这不是一种严格的规定 (也有将累积贡献率定在 70% 以上的), 近年来许多学者关于这方面研究了很多, 限于篇幅, 这里不一一介绍, 感兴趣的读者可以参阅相关文献.

单纯的考虑累积贡献率有时是不够的, 还需要考虑选择的主成分对原始变量的贡献值, 我们用相关系数的平方和表示. 如果选取的主成分为 $Z_1, Z_2, \cdots, Z_r$, 则它们对原始变量 X_j 的贡献值为

$$\rho_j = \sum_{k=1}^{r} r^2(Z_k, X_j) = \sum_{k=1}^{r} \frac{\lambda_k}{s_{jj}} \eta_{jk}^2. \tag{8.12}$$

因为 $X_j = \eta_{j1} Z_1 + \eta_{j2} Z_2 + \cdots + \eta_{jp} Z_p, j = 1, 2, \cdots, p$, 对 $k = 1, 2, \cdots, r$ 有

$$r(Z_k, X_j) = \frac{\mathrm{cov}(Z_k, X_j)}{\sqrt{\mathrm{Var}(Z_k)}\sqrt{\mathrm{Var}(X_j)}} = \sqrt{\frac{\lambda_k}{s_{jj}}} \eta_{jk}, \tag{8.13}$$

这是主成分 Z_k 与原始变量 X_j 的相关系数, 称为因子载荷 (factor loading). (8.13) 式中 s_{jj} 是样本协方差 S 的第 j 个对角元, η_{jk} 是第 k 个特征向量的第 j 个分量.

如果 X 的二阶矩存在, 设 Σ 表示 X 的协方差矩阵, 可以类似地计算特征值和确定主成分, 称为总体主成分 (population principal component). 由于 $\mathrm{Var}(X) = \Sigma$, 如果存在正交阵 Q, 使得

$$Q' \Sigma Q = \mathrm{diag}\{\lambda_1, \lambda_2, \cdots, \lambda_p\}, \tag{8.14}$$

且 $\lambda_1 \geqslant \lambda_2 \geqslant \cdots \geqslant \lambda_p$, 则通过 Q 的列就可以确定相应的主成分. Q 的第 j 列就是 λ_j 的特征向量. 如果 Σ 未知, 也可以通过样本协方差矩阵 S 来计算主成分.

在 R 软件中, 主成分分析和因子分析一般放在一起. 基础包中的 princomp 函数和 factanal 函数可以完成主成分分析和因子分析. 本节主要介绍更为强大的 psych 包, 它提供了更丰富、有用的选择. 下面介绍了 psych 包中常用的函数 (表 8.1), 具体使用方法可以在 R 软件中直接输入 "?+ 函数名" 获取 (如 "?principal").

表 8.1　psych 函数表

函数	描述
principal()	含有多种可选的方差旋转方法的主成分分析
fa()	可用主轴、最小残差、加权最小平方或极大似然法估计的因子分析
fa.parallel()	含平行分析的碎石图
factor.plot()	绘制因子分析或主成分分析的结果
fa.diagram()	绘制因子分析或主成分分析的载荷矩阵
scree()	因子分析和主成分分析的碎石图

8.2　稀疏主成分分析

在主成分分析中, 我们自然希望得到的主成分具有较强的可解释性, 以便理解主成分的含义从而分析原始数据的信息. 由于每个主成分都是原始变量的线性组合, 可以想象, 若某个主成分在 p 个变量中的大部分变量上都有显著 (非零) 的载荷系数, 那么这个主成分的意义就与很多变量相关, 因此变得难以解释. 由于原始主成分的一个正交变换得到的新成分依然符合 PCA 的定义, 所以新成分也可以作为主成分, 即主成分对正交变换保持不变. 研究者利用主成分的这个特点, 设法寻求到某一旋转变换, 使得旋转后的载荷矩阵具有较高的稀疏性, 从而提升主成分的可解释性. 主成分旋转 (rotation) 通常用来提升主成分的可解释性, 但是旋转法在实施过程中丢失了主成分求解时依次极大化方差的特点, 使得旋转后的载荷矩阵尽管出现稀疏性, 但是其做出的解释不一定是原来变量的含义. 随着 LASSO 等稀疏化方法的发展, 通过正则化得到稀疏模型的思路逐渐深入人心. 我们可以在主成分的求解过程中添加额外的约束, 使得载荷矩阵出现稀疏解, 以达到解释性的提升. 约束技巧背后的理论和算法日臻成熟, 并且对于载荷矩阵的稀疏化程度易于控制, 所以近十多年来是研究的热点. 本节仅介绍稀疏主成分分析 (sparse principal component analysis, SPCA).

为了更易于理解本节所讨论的 SPCA 模型, 我们先简单介绍一下矩阵的奇异值分解 (singular value decomposition, SVD) 的概念.

定义 8.1　考虑 $X \in \mathbf{R}^{n \times p}$, 它对应的奇异值分解定义成

$$X = UDV', \tag{8.15}$$

其中 $U \in \mathbf{R}^{n \times n}$ 为列正交矩阵, $D \in \mathbf{R}^{n \times p}$ 为对角矩阵, $V \in \mathbf{R}^{p \times p}$ 为列正交矩阵.

奇异值分解在信号分析等领域有重要的应用, 有兴趣的读者可以参考相关文献书籍. 回顾 PCA 的求解过程可知, 对 X 进行 PCA 即要找到一个矩阵 Q 使得 XQ 的协方差阵是对角阵. 再来看 (8.15) 式, 如果等式两边同时右乘以 V, 根据

V 的列正交性有

$$XV = UD, \tag{8.16}$$

假定事先对 X 已经中心化, 当对 XV 求协方差时有 $(XV)'(XV) = D'U'UD = D'D$, 这便是 PCA 的结果. 因此, PCA 可以看成是 SVD 的一个应用. 注意到, 将 V 左乘到 X 上就得到 X 的主成分矩阵, 故而称 V 为变换矩阵, 即主成分载荷系数阵. 又因为对 XV 再右乘 V' 即得到 X, 所以称 V' 为恢复矩阵. 有了这些预备知识的铺垫, 下面来看 SPCA 模型:

$$\left(\hat{A}, \hat{B}\right) = \operatorname*{argmin}_{A,B} \|X - XBA'\|_2^2 + \lambda_1 \sum_{j=1}^{k} \|\beta_j\|_2^2 + \sum_{j=1}^{k} \lambda_{2,j} \|\beta_j\|_1 \tag{8.17}$$
$$\text{s.t.} \quad A'A = I_{k \times k},$$

上述模型中, $B = (\beta_1, \beta_2, \cdots, \beta_k)$, λ_1 是调节参数, $\lambda_{2,j}$ 是对第 j 个主成分载荷系数的自适应调节参数. 进一步可知, 矩阵 B 充当变换矩阵的角色, 而矩阵 A' 则扮演恢复矩阵的角色. 之所以不直接令 $B = A$, 是因为实现载荷矩阵的稀疏化会损失一部分方差信息, 无法得到绝对的相等, 那么令 $B = A$ 就不合理了. 总之, 上述 (8.17) 式利用矩阵 SVD 的概念构建了稀疏化主成分分析的模型. SPCA 对于载荷矩阵的稀疏化更能从整体上把控, 并且参数的调节与控制也更加方便, 此外它还有以下优点:

(1) 模型是凸优化问题, 易于求解;

(2) 稀疏化程度较高.

针对 SPCA 模型, Zou 等 (2006) 设计了一种迭代求解的算法. 其大致思路为先给定矩阵 A 优化矩阵 B, 再令矩阵 B 不变去优化矩阵 A, 如此迭代直至收敛.

在 R 软件中, 稀疏主成分分析可以使用 elasticnet 包中的 spca 函数求解. 该函数的主要参数见表 8.2.

表 8.2 spca 函数表

spca(x, K, para, type=c("predictor","Gram"), sparse=c("penalty","varnum"), lambda=1e-6)	
x	原始数据矩阵或样本协方差、样本相关系数矩阵
K	需要提取的主成分个数
para	一个长度为 K 的向量
type	取值为 predictor 表示使用原始样本阵, Gram 对应协方差或相关系数阵
sparse	取值 penalty 时 para 参数中的数字是每个主成分对应的惩罚参数, 越大则稀疏程度越高; varnum 表示 para 参数中的数字是每个主成分中需要稀疏到剩下几个变量
lambda	ridge 惩罚项的参数 λ_1

除此之外, 还有 nsprcomp 包可以进行非负稀疏主成分分析, 限于篇幅, 感兴

趣的读者可以自行了解.

8.3　主成分分析实例

本次案例采用重庆板块 57 只股票 2021 年 2 月 10 日的数据, 数据来源于西南证券金点子财富管理终端, 涉及指标有涨幅、换手率、振幅、强弱度、均涨幅、实体涨幅、总资产、净资产、流动资产、固定资产、无形资产、营业收入、营业利润、净利润、每股净资产、每股公积金和每股未分配利润 17 个指标. 数据可视化结果见图 8.2.

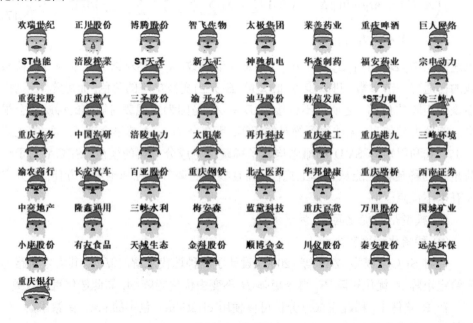

图 8.2　脸谱图

首先, 我们对该数据集进行主成分分析. 采用 R 中 fa.parallel 函数确定主成分个数, 其结果见图 8.3. 图 8.3 显示 Kaiser-Harris 准则 (选择特征值大于 1 的主成分个数) 建议选择 5 个主成分, 碎石检验 (选择曲线变化最大处对应的主成分个数) 建议选择 3 个主成分, 平行分析 (随机生成与初始矩阵相同大小的矩阵, 选择基于真实数据的某个特征值大于随机数据矩阵相应平均特征值对应的个数) 建议选择 3 个主成分. 而当确定采用 3 个主成分时, 累积贡献率为 63%, 选择 4 个主成分时, 累积贡献率达到 72%, 综合考虑, 本例确定主成分个数为 4, 对应的方差贡献率分别为 0.322, 0.190, 0.118 和 0.092. 主成分散点图见图 8.4, 因子载荷矩阵见表 8.3.

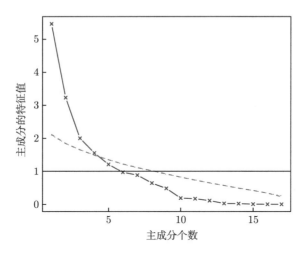

图 8.3　要保留的主成分个数评价图

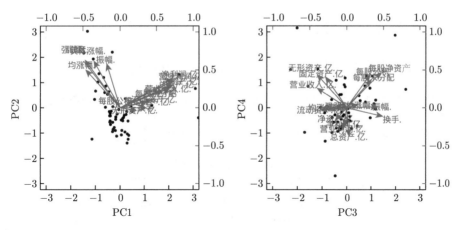

图 8.4　主成分散点图

注: PC1 表示第 1 主成分, 以此类推

根据表 8.3 中的结果可知, 第 1 主成分主要与总资产、净资产、营业利润和净利润正相关, 这体现了股票对应的公司规模和盈利情况, 因此可以认为第 1 主成分代表股票对应公司的总体情况指标. 第 2 主成分主要与涨幅、振幅、强弱度、均涨幅和实体涨幅正相关, 这体现了股票当日的价格变化情况, 因此第 2 主成分可以认为是股票价格实时变化情况指标. 第 3 主成分主要与换手率和每股净资产正相关, 而第 4 主成分主要与无形资产和每股净资产正相关, 两者存在交叉, 这使得第 3 主成分和第 4 主成分是不容易解释的, 因此进一步我们可以采用主成分旋转和稀疏主成分法进行分析.

表 8.3　因子载荷表

	PC1	PC2	PC3	PC4
涨幅	−0.615	0.77	−0.124	
换手率	0.369		0.619	−0.153
振幅	−0.196	0.636	0.479	
强弱度	−0.615	0.769	−0.112	
均涨幅	−0.522	0.564	−0.338	
实体涨幅	−0.438	0.753	0.117	
总资产	0.782	0.309		−0.383
净资产	0.83	0.349	−0.138	−0.146
流动资产	0.467	0.109	−0.358	
固定资产	0.378		−0.335	0.451
无形资产	0.201		−0.476	0.527
营业收入	0.658	0.252	−0.46	0.307
营业利润	0.842	0.415		−0.278
净利润	0.827	0.443		−0.215
每股净资产	0.554	0.223	0.524	0.524
每股公积金			0.352	0.48
每股未分配利润	0.488	0.19	0.366	0.402

这里我们先给出了基于主成分综合得分法对重庆板块的 57 只股票进行排序, 构造评价函数为 $f = \sum\limits_{i=1}^{4} \alpha_i f_i$, 其中 α_i 为第 i 主成分对应的方差贡献率, f_i 为第 i 主成分得分. 重庆板块 57 只股票基于主成分综合得分排序见表 8.4.

表 8.4　主成分得分排名

	f_1	f_2	f_3	f_4	f	排名
渝农商行	3.6614	2.5368	−0.474	−2.6968	1.3582	1
重庆银行	3.2223	−0.3954	3.8167	−1.3094	1.2916	2
长安汽车	2.4125	1.3222	−2.0125	3.1577	1.0806	3
重庆百货	1.3114	0.0993	1.9746	2.8685	0.9367	4
金科股份	3.0909	0.7661	−1.7053	−0.9716	0.8505	5
正川股份	−1.3188	3.0272	2.4242	0.7347	0.505	6
智飞生物	−0.3118	2.205	−0.0086	−0.5541	0.2676	7
神驰机电	−0.455	0.6343	1.0558	1.2604	0.2143	8
太阳能	0.458	0.0432	−0.4349	1.0966	0.2049	9
ST 天圣	−0.508	0.5318	0.8107	1.2679	0.1496	10
博腾股份	−1.0882	1.9331	0.5146	0.4775	0.1222	11
重药控股	0.2122	0.3537	−0.6135	0.3192	0.0926	12
新大正	−0.6184	0.6107	0.7548	0.8668	0.0857	13
川仪股份	0.3605	−1.09	1.188	0.2983	0.0759	14
远达环保	0.3335	−1.2426	0.9549	0.78	0.0548	15
太极集团	−0.8559	1.3534	−0.1054	0.9146	0.0536	16
秦安股份	0.299	−1.0356	1.1198	0.1586	0.0456	17

续表

	f_1	f_2	f_3	f_4	f	排名
华邦健康	0.1706	−0.3006	−0.2244	0.527	0.0195	18
有友食品	0.2017	−0.9591	1.1837	−0.0544	0.0168	19
巨人网络	−0.6639	1.2052	0.0861	−0.2007	0.0075	20
重庆建工	0.5087	−0.1454	−2.2744	1.5146	0.0069	21
三峡水利	0.1101	−0.5161	−0.0675	0.8361	0.0059	22
中国汽研	−0.1192	−0.2452	0.2954	0.0873	−0.0422	23
三峰环境	0.1027	−0.427	−1.1737	1.5413	−0.0452	24
小康股份	0.0716	−0.895	−0.0655	1.1806	−0.0468	25
涪陵榨菜	−0.5721	0.8653	0.0927	−0.4911	−0.0535	26
重庆水务	0.2763	−0.1526	−1.0633	0.0223	−0.0634	27
天域生态	0.0563	−1.0754	0.773	0.226	−0.0748	28
欢瑞世纪	−1.4708	2.1646	0.4357	−0.7098	−0.075	29
重庆钢铁	0.2484	−0.265	−1.5738	0.857	−0.0774	30
中交地产	0.3309	−0.524	−0.3747	−0.5684	−0.0895	31
顺博合金	0.2912	−1.392	0.9681	−0.3948	−0.0934	32
西南证券	0.1447	−0.3845	−0.1678	−0.7142	−0.1119	33
涪陵电力	−0.1714	−0.3643	0.0642	−0.0206	−0.1189	34
重庆港九	−0.1794	−0.4553	−0.2845	0.5173	−0.1305	35
迪马股份	−0.0523	−0.0654	−0.5318	−0.571	−0.1443	36
宗申动力	−0.2856	0.0409	−0.2334	−0.4473	−0.1527	37
隆鑫通用	0.0505	−0.484	−0.4779	−0.2805	−0.1579	38
万里股份	−0.2992	−0.9449	0.5585	0.2818	−0.1845	39
福安药业	−0.4297	−0.1522	−0.2203	−0.1783	−0.2096	40
三圣股份	−0.3967	−0.2282	−0.1571	−0.3318	−0.2201	41
重庆啤酒	−0.9003	1.0167	−0.3691	−0.9293	−0.2249	42
渝开发	−0.4141	−0.3196	−0.1159	−0.2774	−0.2332	43
重庆燃气	−0.3578	−0.1367	−0.5917	−0.381	−0.2458	44
蓝黛科技	−0.1884	−0.8991	0.1263	−0.344	−0.2485	45
百亚股份	−0.2937	−0.5748	0.213	−0.8181	−0.2539	46
华森制药	−0.5862	0.0221	−0.1242	−0.666	−0.2602	47
再升科技	−0.3894	−0.3209	−0.1854	−0.7482	−0.2769	48
梅安森	−0.2783	−0.8565	0.1519	−0.5287	−0.2832	49
莱美药业	−0.9921	0.6671	−0.4309	−0.8014	−0.3166	50
重庆路桥	−0.2328	−0.7781	−0.2866	−0.8588	−0.3356	51
渝三峡A	−0.4098	−0.5649	−0.2907	−0.784	−0.3456	52
国城矿业	−0.1359	−1.1196	−0.2533	−0.8189	−0.3618	53
北大医药	−0.3854	−0.6631	−0.3027	−0.8464	−0.3636	54
财信发展	−0.3953	−0.5174	−0.6024	−0.9796	−0.3866	55
ST 电能	−1.0325	0.3265	−0.8717	−1.3202	−0.4939	56
*ST 力帆	−1.137	−1.235	−0.8938	−0.1954	−0.7243	57

其次, 考虑主成分旋转, 采用基于方差极大的正交旋转方法, 这样做的优点在于它对因子载荷矩阵的列进行去噪, 使得每个主成分只由一组有限的变量来解释,

即因子载荷矩阵每列只有少数几个很大的载荷, 其他都是很小的载荷. 通过正交旋转后可以发现, 4 个主成分的累积贡献率 72% 没有发现改变, 改变的是各个主成分的方差贡献率. 旋转后的方差贡献率分别为 0.257, 0.221, 0.117 和 0.127, 此时旋转后第 4 主成分的方差贡献率高于第 3 主成分, 这也印证了正交旋转后的主成分不再具有单个主成分方差最大化的性质, 各成分方差贡献率趋同, 因此准确而言, 此时应称旋转后的主成分为成分. 旋转后的因子载荷矩阵见表 8.5, 旋转后的成分散点图见图 8.5.

表 8.5　正交旋转后因子载荷表

	RC1	RC2	RC4	RC3
涨幅	−0.127	0.98		
换手率	0.289	−0.245	0.438	−0.456
振幅	0.601	0.419	−0.359	
强弱度	−0.135	0.979		
均涨幅	−0.123	0.777	−0.262	0.134
实体涨幅	0.856	0.137	−0.143	
总资产	0.907	−0.132		
净资产	0.887	0.122	0.198	
流动资产	0.468	−0.101	−0.111	0.343
固定资产	0.19	0.175	0.626	
无形资产	0.734			
营业收入	0.561	0.115	0.687	
营业利润	0.97	0.117		
净利润	0.944	0.171		
每股净资产	0.278	−0.11	0.897	0.111
每股公积金	−0.237	0.547		
每股未分配利润	0.275	0.685	0.125	

注: RC1 表示旋转后的第 1 主成分, 以此类推.

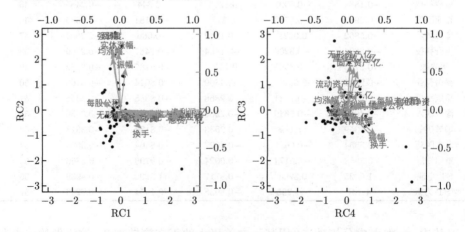

图 8.5　旋转后成分散点图

根据表 8.5 可知, 旋转后的第 1 主成分主要与总资产、净资产、营业利润和净利润正相关, 因此仍可以认为第 1 主成分代表股票对应公司的总体情况指标. 第 2 主成分主要与涨幅、强弱度、均涨幅正相关, 因此第 2 主成分仍可以认为是股票价格实时变化情况指标. 第 3 主成分主要与换手率负相关, 换手率越高表明股票交易越频繁, 因此第 3 主成分可以认为是股票价格变动的风险指标, 而第 4 主成分主要与每股净资产正相关, 因此可以认为第 4 主成分为公司内在价值指标. 同理可以得到旋转后的成分得分排名, 见表 8.6.

表 8.6 正交旋转后成分得分排名

	f_1	f_2	f_4	f_3	f	排名
渝农商行	5.166	0.3529	−0.4475	−0.5709	1.28	1
长安汽车	1.4669	0.267	1.557	4.1161	1.1145	2
正川股份	−0.2156	3.0619	2.4051	−1.4537	0.7579	3
金科股份	3.3563	−0.7223	−0.7514	1.2811	0.7555	4
智飞生物	0.9719	2.0432	0.0229	−0.3829	0.6594	5
博腾股份	−0.229	2.1747	0.7558	−0.2475	0.4894	6
欢瑞世纪	0.0514	2.528	−0.1052	−1.0668	0.4342	7
太极集团	−0.4165	1.6336	0.5449	0.5226	0.3848	8
重庆百货	−0.257	−0.6431	3.5642	0.8207	0.3412	9
巨人网络	0.0905	1.3534	−0.0006	−0.3179	0.2853	10
重庆建工	−0.0275	−0.1045	−0.5084	2.7343	0.2246	11
重药控股	0.2653	0.2722	−0.089	0.7043	0.1992	12
神驰机电	−0.6817	0.716	1.5282	0.0062	0.1786	13
太阳能	−0.0071	−0.1067	0.5277	1.1461	0.1756	14
涪陵榨菜	0.1237	1.0032	−0.2243	−0.5037	0.1662	15
重庆啤酒	0.1537	1.3236	−0.8808	−0.541	0.1568	16
ST 天圣	−0.7477	0.6769	1.3265	0.1701	0.1465	17
新大正	−0.6347	0.7904	1.0209	−0.0816	0.1323	18
重庆银行	2.4969	−2.3311	2.651	−2.8504	0.1294	19
重庆钢铁	−0.0999	−0.1706	−0.5361	1.7368	0.0714	20
重庆水务	0.2509	−0.1653	−0.6758	0.8269	0.0385	21
莱美药业	−0.1217	1.0763	−0.9431	−0.441	0.0353	22
三峰环境	−0.6012	−0.2535	0.0956	1.8739	0.0208	23
华邦健康	−0.1866	−0.3037	0.161	0.5428	−0.0311	24
迪马股份	0.2102	−0.0005	−0.7559	−0.0186	−0.0445	25
宗申动力	−0.0063	0.1817	−0.5153	−0.1979	−0.0501	26
三峡水利	−0.4707	−0.4647	0.4012	0.6193	−0.1002	27
ST 电能	−0.0567	0.8248	−1.658	−0.493	−0.1007	28
重庆燃气	−0.1331	0.0998	−0.7798	0.0794	−0.102	29
中国汽研	−0.2706	−0.179	0.1737	−0.1838	−0.1084	30
福安药业	−0.3159	0.0934	−0.4188	−0.0649	−0.1213	31
华森制药	−0.1776	0.2946	−0.6666	−0.4904	−0.1225	32
重庆港九	−0.5238	−0.2609	−0.0188	0.4953	−0.1366	33
中交地产	0.2887	−0.6001	−0.6335	−0.0516	−0.1452	34

续表

	f_1	f_2	f_4	f_3	f	排名
西南证券	0.2408	−0.413	−0.6054	−0.3346	−0.1457	35
隆鑫通用	−0.0186	−0.4082	−0.5951	0.1509	−0.1531	36
涪陵电力	−0.2992	−0.2384	−0.0942	−0.1069	−0.154	37
三圣股份	−0.2698	0	−0.4783	−0.2064	−0.1542	38
渝开发	−0.3508	−0.0726	−0.4399	−0.2054	−0.186	39
再升科技	−0.1382	−0.0959	−0.7772	−0.4652	−0.2099	40
小康股份	−0.8094	−0.762	0.5282	0.8303	−0.212	41
财信发展	−0.0971	−0.2316	−1.2546	−0.3306	−0.2744	42
渝三峡 A	−0.2397	−0.2885	−0.9299	−0.425	−0.2933	43
百亚股份	−0.1909	−0.4032	−0.5718	−0.778	−0.3018	44
北大医药	−0.2389	−0.3864	−0.9914	−0.455	−0.3261	45
秦安股份	−0.4108	−1.1443	0.7411	−0.643	−0.3393	46
川仪股份	−0.4491	−1.2231	0.8822	−0.5851	−0.3419	47
重庆路桥	−0.1668	−0.5628	−0.969	−0.4426	−0.3423	48
有友食品	−0.3755	−1.0441	0.6399	−0.8509	−0.3452	49
远达环保	−0.7063	−1.3028	0.9837	−0.1081	−0.3568	50
蓝黛科技	−0.4332	−0.7105	−0.3723	−0.3836	−0.3605	51
万里股份	−0.8343	−0.7149	0.2792	−0.2976	−0.3714	52
天域生态	−0.6118	−1.0245	0.4661	−0.4088	−0.372	53
梅安森	−0.4145	−0.6385	−0.4873	−0.5447	−0.3732	54
国城矿业	−0.264	−0.9077	−0.9654	−0.4255	−0.441	55
顺博合金	−0.3435	−1.4543	0.2105	−0.9156	−0.4899	56
*ST 力帆	−1.2899	−0.4341	−1.3256	0.2133	−0.5707	57

最后, 考虑稀疏主成分, 通过 R 中的 spca 函数求得稀疏主成分的关键在于调节参数的选取. 考虑 $\lambda_{2,1} = \lambda_{2,2} = \cdots = \lambda_{2,k} = \lambda_2$, 则调节参数的选取可以依据如下的准则:

$$\omega = 累计方差贡献率 + \frac{载荷为零的变量个数}{总变量个数},$$

该准则兼顾了解释性和稀疏性. 实际应用中给定一系列的 λ_1 和 λ_2 的格子点, 选取 ω 达到最大时所对应的值作为最优调节参数值.

最终得到的最优调节参数 $\lambda_1 = 5, \lambda_2 = 0.8$, 对应的累计方差贡献率为 64.45%, 得到的四个成分对应的方差贡献率分别为 0.2706 0.2057 0.0853 和 0.0829. 基于稀疏主成分的因子载荷矩阵见表 8.7. 根据表 8.7 可以清楚地看出, 第 1 成分代表的仍是股票对应公司的总体情况指标, 第 2 成分主要与涨幅、强弱度、均涨幅和实体涨幅相关, 可以认为是反映实时股票价格情况指标, 不同的是这里它们是负相关. 而第 3 成分主要与固定资产、无形资产和营业收入正相关, 代表公司盈利指标. 第 4 主成分主要与每股净资产和每股未分配利润负相关, 可以认为是公司内在价值指标.

表 8.7 稀疏主成分分析的因子载荷表

	SPC1	SPC2	SPC3	SPC4
涨幅	0	−0.5465	0	0
换手率	0.0408	0	0	0
振幅	0	−0.2516	0	0
强弱度	0	−0.5456	0	0
均涨幅	0	−0.3745	0	0
实体涨幅	0	−0.4473	0	0
总资产	0.431	0	0	0
净资产	0.4561	0	0	0
流动资产	0.1449	0	0	0
固定资产	0.0357	0	0.5031	0
无形资产	0	0	0.7282	0
营业收入	0.2773	0	0.4653	0
营业利润	0.4906	0	0	0
净利润	0.4806	0	0	0
每股净资产	0.1499	0	0	−0.7619
每股公积金	0	0	0	−0.0256
每股未分配利润	0.1057	0	0	−0.6472

注: SPC1 表示第 1 稀疏主成分, 以此类推.

最后我们也给出了重庆板块 57 只股票基于稀疏主成分的综合得分排名, 结果见表 8.8.

表 8.8 稀疏主成分得分排名

	f_1	f_2	f_4	f_3	f	排名
渝农商行	4.5808	0.2108	0.456	−1.0985	1.2309	1
金科股份	2.9037	1.2487	1.0441	−0.6701	1.0762	2
重庆银行	2.2984	2.3461	−0.0311	−2.1801	0.9213	3
长安汽车	2.1475	0.1746	4.3277	−2.2441	0.8001	4
重庆建工	0.2934	0.2264	2.9207	0.3351	0.4028	5
重庆钢铁	0.096	0.2911	1.7869	1.1813	0.3362	6
重庆水务	0.2425	0.2402	0.8241	0.5694	0.2325	7
三峰环境	−0.1031	0.292	2.1278	0.1538	0.2263	8
太阳能	0.2013	0.1598	1.3836	0.0866	0.2125	9
远达环保	−0.252	1.4042	−0.1433	−0.3428	0.18	10
顺博合金	−0.3195	1.4089	−0.4774	0.1313	0.1736	11
小康股份	−0.4362	0.8362	1.1571	0.1958	0.1688	12
西南证券	0.1589	0.4564	−0.4977	0.5117	0.1369	13
华邦健康	0.0194	0.3737	0.4864	0.0856	0.1307	14
三峡水利	−0.1176	0.5347	0.4449	0.0938	0.1239	15

	f_1	f_2	f_4	f_3	f	排名
中交地产	0.1044	0.6085	−0.3916	−0.1947	0.1039	16
国城矿业	−0.4365	0.8994	−0.4243	0.8018	0.0972	17
川仪股份	−0.2102	1.2535	−0.4841	−0.8298	0.0909	18
秦安股份	−0.2268	1.2236	−0.5163	−0.6769	0.0902	19
隆鑫通用	−0.1081	0.4211	0.089	0.1737	0.0794	20
重药控股	0.3091	−0.1915	0.4212	−0.2381	0.0604	21
蓝黛科技	−0.4302	0.7027	−0.3989	0.6552	0.0484	22
万里股份	−0.4889	0.7742	−0.5953	0.7986	0.0424	23
有友食品	−0.2755	0.9875	−0.5699	−0.47	0.041	24
天域生态	−0.3703	1.0508	−0.5619	−0.3425	0.0396	25
重庆港九	−0.2923	0.2642	0.2083	0.2564	0.0143	26
梅安森	−0.4734	0.6158	−0.6098	0.6419	−0.0002	27
重庆路桥	−0.3689	0.505	−0.608	0.5525	−0.002	28
迪马股份	0.0009	−0.0216	−0.4074	0.302	−0.0139	29
财信发展	−0.3844	0.168	−0.5241	0.969	−0.0338	30
北大医药	−0.4603	0.3301	−0.5706	0.8051	−0.0386	31
百亚股份	−0.4176	0.3046	−0.5561	0.6906	−0.0405	32
中国汽研	−0.2087	0.1692	−0.2705	−0.1801	−0.0597	33
重庆燃气	−0.2773	−0.1527	−0.0938	0.6092	−0.0639	34
再升科技	−0.3598	0.063	−0.4805	0.7191	−0.0658	35
涪陵电力	−0.2775	0.2039	−0.3065	−0.1361	−0.0706	36
渝三峡 A	−0.4546	0.2157	−0.5977	0.5794	−0.0816	37
福安药业	−0.3397	−0.1426	−0.1899	0.5546	−0.0915	38
宗申动力	−0.1662	−0.2284	−0.3643	0.1365	−0.1117	39
渝开发	−0.3934	0.0114	−0.5024	0.2961	−0.1224	40
三圣股份	−0.3823	−0.0677	−0.3748	0.2005	−0.1327	41
重庆百货	0.6731	0.7026	0.0795	−5.6791	−0.1373	42
*ST 力帆	−1.3641	0.2473	0.0024	1.8244	−0.1669	43
华森制药	−0.429	−0.3784	−0.5579	0.5263	−0.1979	44
ST 电能	−0.5569	−1.0049	−0.6216	1.513	−0.285	45
智飞生物	0.5473	−2.0632	−0.1459	−0.3106	−0.3145	46
涪陵榨菜	−0.1728	−1.1183	−0.4656	−0.0943	−0.3243	47
重庆啤酒	−0.3202	−1.4383	−0.3934	0.9595	−0.3365	48
莱美药业	−0.4846	−1.2236	−0.5007	1.0398	−0.3393	49
巨人网络	−0.0664	−1.41	−0.5224	0.0138	−0.3514	50
ST 天圣	−0.2991	−0.7421	−0.3898	−1.0752	−0.356	51
新大正	−0.3132	−0.8438	−0.5978	−0.6913	−0.3666	52
神驰机电	−0.2327	−0.7798	−0.5324	−1.3573	−0.3813	53
太极集团	−0.2463	−1.6769	0.2042	−0.039	−0.3975	54
博腾股份	−0.2543	−2.3269	−0.4745	−0.3816	−0.6196	55
欢瑞世纪	−0.4771	−2.8212	−0.6273	0.8007	−0.6966	56
正川股份	−0.3288	−3.2939	−0.5865	−0.5323	−0.8607	57

通过比较主成分分析、主成分旋转和稀疏主成分分析, 我们发现前两者不改变累积方差贡献, 这是因为它们没有丢失信息, 可以发现三者得到的综合得分排名第一的都是渝农商行, 其他股票的排名略有不同. 此外, 主成分分析不仅可以用于排名, 还可以用于分类, 其分类的依据依旧是基于主成分得分矩阵结合聚类分析的方法, 限于篇幅, 感兴趣的读者可以自行尝试.

第 9 章 因子分析

因子分析 (factory analysis) 是由英国心理学家 Spearman 于 1904 年提出来的, 他成功地解决了智力测验得分的统计分析, 长期以来, 教育心理学家不断丰富、发展了因子分析理论和方法, 并应用这一方法在行为科学领域进行了广泛的研究.

因子分析涉及的计算与主成分分析很类似, 但差别也很明显.

(1) 主成分分析把方差划分为不同的正交成分, 每一步都强调方差的最大化, 而因子分析则把方差划归为不同的起因因子, 并不在乎方差是否最大.

(2) 因子分析中特征值的计算更多选择从相关系数矩阵出发, 由于没有最大化方差的约束, 因此可以通过旋转选择更具解释性的因子, 因子载荷不唯一.

(3) 主成分分析往往变量是先有的, 我们通过主成分达到降维的目的, 其过程是从众多的变量中提取信息最集中的少量主成分, 而因子分析需要有目的地选择因子, 这些因子是不能直接观测的 (在心理统计分析中称为潜变量 (latent variable)), 我们观测与之相关的变量 (显变量 (manifest variable)), 通过因子分析发现这些潜变量 (因子). 后者存在变量选择问题.

9.1 因子分析模型

设有 p 个原始变量 $X_i, i = 1, 2, \cdots, p$, 它们可能相关, 也可能独立, 将 X_i 标准化得到新变量 Z_i, 则可以建立因子分析模型如下:

$$Z_i = a_{i1}F_1 + a_{i2}F_2 + \cdots + a_{im}F_m + U_i, \quad i = 1, 2, \cdots, p, \tag{9.1}$$

其中 $F_j, j = 1, 2, \cdots, m$ 出现在每个变量的表达式中, 为公共因子 (common factor), 它们的含义要根据具体问题来解释, $U_i, i = 1, 2, \cdots, p$ 仅与变量 Z_i 有关, 称为特殊因子 (specific factor), 系数 $a_{ij}, i = 1, 2, \cdots, p$ 称为因子载荷, $A = (a_{ij})_{p \times m}$ 称为载荷矩阵.

可以将 (9.1) 式表示为如下的矩阵形式:

$$Z = AF + U, \tag{9.2}$$

其中 $Z = (Z_1, Z_2, \cdots, Z_p)', F = (F_1, F_2, \cdots, F_m)', U = (U_1, U_2, \cdots, U_p)'$. 对此模型通常需要假设

(1) 各特殊因子之间以及特殊因子与所有公共因子之间均相互独立, 即

$$\begin{cases} \text{cov}(U) = \Sigma = \text{diag}(\sigma_1^2, \sigma_2^2, \cdots, \sigma_p^2), \\ \text{cov}(F, U) = 0. \end{cases} \tag{9.3}$$

(2) 各公共因子都是均值为 0, 方差为 1 的独立正态随机变量, 其协方差矩阵为单位阵 I_m, 即 $F \sim N(0, I_m)$. 当因子 F 的各个分量相关时, $\text{cov}(F)$ 不再是对角阵, 这样的模型称为斜交因子模型, 本书不考虑这种模型, 感兴趣的读者可参考相关文献.

m 个公共因子对第 i 个变量方差的贡献称为共性方差 (common variance) 或贡献值, 记为 h_i^2, 并且

$$h_i^2 = a_{i1}^2 + a_{i2}^2 + \cdots + a_{im}^2, \tag{9.4}$$

第 j 个公共因子对原变量的总贡献为 $a_{1j}^2 + a_{2j}^2 + \cdots + a_{mj}^2$, 而特殊因子的方差称为特殊方差 (specific variance) 或者特殊值 (即 (9.3) 式中的 $\sigma_i^2, i = 1, 2, \cdots, p$), 从而第 i 个变量的方差有如下分解:

$$\text{Var}(Z_i) = h_i^2 + \sigma_i^2, \quad i = 1, 2, \cdots, p. \tag{9.5}$$

因子分析的一个基本问题是如何估计因子载荷, 即如何求解因子模型 (9.1), 我们下面仅仅介绍最常用的基于样本相关矩阵 R 的主成分解.

设 $\lambda_1 \geqslant \lambda_2 \geqslant \cdots \geqslant \lambda_p$ 为样本相关矩阵 R 的特征根, $\eta_1, \eta_2, \cdots, \eta_p$ 为相应的标准正交化特征向量. 设 $m < p$, 则通过样本相关矩阵 R 得到的因子分析载荷矩阵为

$$A = (\sqrt{\lambda_1}\eta_1, \sqrt{\lambda_2}\eta_2, \cdots, \sqrt{\lambda_m}\eta_m), \tag{9.6}$$

特殊因子的方差用 $R - AA'$ 的对角元估计, 即

$$\sigma_i^2 = 1 - \sum_{j=1}^{m} a_{ij}^2. \tag{9.7}$$

9.1.1 因子旋转

上面主成分分解是不唯一的, 因为对 A 作任何正交变换都不会改变原来的 AA', 即设 Q 为 m 阶正交矩阵, $B = AQ$, 则有 $BB' = AA'$, 载荷矩阵的这种不唯一性表面看是不利的, 但我们却可以利用这种不变性, 通过适当的因子变换, 使变换后新的因子具有更鲜明的实际意义或可解释性.

比如, 我们可以通过正交变换使 B 中有尽可能多的元素等于或接近于 0, 从而使因子载荷矩阵结构简单化, 便于做出更有实际意义的解释.

正交变换是一种旋转变换, 当我们选取方差最大的正交旋转, 即将各个因子旋转到某个位置, 使每个变量在旋转后的因子轴上的投影向最大、最小两极分化时,

则每个因子中的高载荷只出现在少数的变量上, 最后得到的旋转因子载荷矩阵中, 每列元素除几个值外, 其余的均接近于 0.

(1) 考虑两个因子的平面正交旋转.

设因子载荷矩阵为

$$A = (a_{ij}), \quad i = 1, 2, \cdots, p, \quad j = 1, 2, \tag{9.8}$$

取正交矩阵

$$Q = \begin{pmatrix} \cos\phi & -\sin\phi \\ \sin\phi & \cos\phi \end{pmatrix}, \tag{9.9}$$

这是逆时针旋转, 如作顺时针旋转, 只需将 (9.9) 式次对角线上的两个元素对换即可. 并记

$$B = AQ = (b_{ij}), \quad i = 1, 2, \cdots, p, \quad j = 1, 2, \tag{9.10}$$

称 B 为旋转因子载荷矩阵, 此时模型 (9.2) 变为

$$Z = B(Q'F) + U, \tag{9.11}$$

同时, 公共因子 F 也随之变为 $Q'F$, 现在希望通过旋转, 将变量分为主要由不同因子说明的两个部分, 因此, 要求 $(b_{11}^2, b_{21}^2, \cdots, b_{p1}^2)'$ 和 $(b_{12}^2, b_{22}^2, \cdots, b_{p2}^2)'$ 这两列数据分别求得的方差尽可能大.

下面考虑相对方差

$$V_j = \frac{1}{p} \sum_{i=1}^{p} (b_{ij}^2/h_i^2)^2 - \left(\frac{1}{p} \sum_{i=1}^{p} b_{ij}^2/h_i^2 \right)^2, \quad j = 1, 2, \tag{9.12}$$

取 b_{ij}^2 是为了消除 b_{ij} 符号的影响, 除以 h_i^2 是为了消除各个变量的公共因子依赖程度不同的影响, 正交旋转的目的是使总方差 $G = V_1 + V_2$ 达到最大. 令 $\mathrm{d}V/\mathrm{d}\phi = 0$, 经计算, ϕ 应满足

$$\tan 4\phi = (D_0 - 2A_0B_0/p)/(C_0 - (A_0^2 - B_0^2)/p), \tag{9.13}$$

其中

$$\begin{cases} A_0 = \sum_{i=1}^{p} u_i, \quad B_0 = \sum_{i=1}^{p} v_i, \\ C_0 = \sum_{i=1}^{p} (u_i^2 - v_i^2), \quad D_0 = 2\sum_{i=1}^{p} u_i v_i, \\ u_i = \left(\frac{a_{i1}}{h_i}\right)^2 - \left(\frac{a_{i2}}{h_i}\right)^2, \quad v_i = \frac{2a_{i1}a_{i2}}{h_i^2}. \end{cases} \tag{9.14}$$

当 $m = 2$ 时, 还可以通过图解法, 凭直觉将坐标轴旋转一个角度 ϕ, 一般的作法是, 先对变量聚类, 利用这些类很容易确定新的公共因子.

(2) 当公共因子数 $m > 2$ 时.

可以每次考虑不同的两个因子的旋转, 从 m 个因子中每次选两个旋转, 共有 $m(m-1)/2$ 种选择, 这样共有 $m(m-1)/2$ 次旋转, 做完这 $m(m-1)/2$ 次旋转就算完成了一个循环, 然后重新开始第二个循环, 每经一个循环, A 矩阵的各列的相对方差和 V 只会变大, 当第 k 次循环后的 $V^{(k)}$ 与上一次循环的 $V^{(k-1)}$ 比较变化不大时, 就停止旋转.

9.1.2 因子得分

得到公共因子和因子载荷后, 需要反过来考察每个样本的得分情况, 从而对样本进行评价和分类.

估计因子得分的方法有很多, 这里介绍回归法, 这种方法是 Thompson 在 1993 年提出来的, 又称汤普森法. 在因子模型中, 可以将因子表示成变量的线性回归方程

$$F_i = b_{i1}X_1 + b_{i2}X_2 + \cdots + b_{ip}X_p, \quad i = 1, 2, \cdots, m, \tag{9.15}$$

从而据此计算因子得分 F_i. (9.15) 式可以写成矩阵形式 $F = BX$. 假定变量 X, F 均已标准化, 由因子载荷矩阵 $A = (a_{ij})_{p \times m}$ 易知

$$a_{ij} = \text{cov}(X_i, F_j) = \text{cov}(X_i, b_{j1}X_1 + b_{j2}X_2 + \cdots + b_{jp}X_p)$$

$$= \sum_{k=1}^{p} r_{ik}b_{jk}, \quad i = 1, 2, \cdots, p, \quad j = 1, 2, \cdots, m, \tag{9.16}$$

从而得到 $A = RB'$, 这里 R 为相关系数矩阵. 可得到 (9.15) 的系数估计 $\hat{B} = A'R^{-1}$.

R 软件中可以通过内置的因子分析函数 factanal() 方便地得到因子得分, 但该函数不是基于主成分法计算载荷矩阵和方差, 而是通过极大似然法. 为此, 下面先介绍因子分析的极大似然法.

考虑因子分析模型 (9.2), 设公共因子 $F \sim N_m(0, I)$, 特殊因子 $U \sim N_p(0, \Sigma)$, 且相互独立, 来自总体 $N_p(\mu, D)$ 的 p 维观测向量记为 $X_{(i)}, i = 1, 2, \cdots, n$ (样本矩阵 X 的行向量, 注意与列向量 X_i 的区别), 则可以通过样本的联合分布得到对数似然函数 $L(\mu, D)$, 由于 $D = AA' + \Sigma$, 可取 $\mu = \bar{X}$, 因此似然函数仅为 A, Σ

的函数, 通过对 A, Σ 求导数并令其为零, 得到似然方程

$$S\Sigma^{-1}A = A(I + A'\Sigma^{-1}A), \quad \Sigma = \mathrm{diag}(S - AA'). \tag{9.17}$$

由此即可得到 A, Σ 的极大似然估计, 其中 S 是样本的极大似然估计

$$S = \frac{1}{n}\sum_{i=1}^{n}(X_{(i)} - \bar{X})(X_{(i)} - \bar{X})'. \tag{9.18}$$

Joreskog 和 Lawley 在 1967 年提出了一种较为实用的迭代法, 使极大似然法成为主流, R 中的因子分析函数 factanal() 就是采用的这种算法. 这种迭代法的基本思想是: 先取一个初始矩阵

$$\Sigma_0 = \mathrm{diag}(\hat{\sigma}_1^2, \hat{\sigma}_2^2, \cdots, \hat{\sigma}_p^2),$$

从而得到 $\Sigma_0^{-1/2}\hat{D}\Sigma_0^{-1/2}$, 对此矩阵求出特征值和特征向量, 从而可求得载荷矩阵 A_0, 代入 (9.17) 的第二式, 得到 Σ_1, 如此循环, 直到 (9.17) 的第一式满足为止.

在 R 软件中 psych 包中的 fa 函数提供了更丰富、有用的因子分析和因子旋转 (包括各种正交和斜交变换) 方法. 见第 8 章的所述.

9.2　稀疏因子分析模型

在因子分析中, 对因子意义的理解至关重要. 因此, 因子分析模型也致力于提升因子的解释意义. 与主成分分析类似, 如果一个变量仅和少部分因子有关, 即载荷矩阵相应的行只有少数几个非零系数, 那么此时也便于我们理解每个因子的意义. 通常, 产生稀疏载荷矩阵的方法也是旋转方法和正则化 (regularization) 方法两种. 本节重点介绍基于正则化方法的正交结构稀疏因子分析.

考虑因子分析模型 (9.2), 设公共因子 $F \sim N_m(0, I)$, 特殊因子 $U \sim N_p(0, \Sigma)$, 且相互独立, 来自总体 $N_p(\mu, D)$ 的 p 维观测向量 $X_{(i)}, i = 1, 2, \cdots, n$, 记 $D = AA' + \Sigma$, 则通过样本的联合分布得到对数似然函数 $L(\mu, D)$ 为

$$L(\mu, D) = -\frac{n}{2}\left\{p\ln(2\pi) + \ln(\det(D)) + \mathrm{tr}\left(D^{-1}S\right)\right\}, \tag{9.19}$$

其中 $S = \dfrac{1}{n}\sum_{i=1}^{n}(X_{(i)} - \bar{X})(X_{(i)} - \bar{X})'$ 是样本的极大似然估计. 因此, 所谓的稀疏因子分析模型就是结合正则化方法和 (9.19) 式, 即最小化如下的目标函数:

$$\arg\min_{A, \Sigma} \frac{n}{2}\left\{p\ln(2\pi) + \ln(\det(D)) + \mathrm{tr}\left(D^{-1}S\right)\right\} + n\sum_{i=1}^{p}\sum_{j=1}^{m}\rho P(|a_{ij}|), \tag{9.20}$$

其中 $\rho > 0$ 是正则化参数, $P(\cdot)$ 为惩罚函数. 当 F 的方差为非单位阵时, 模型 (9.20) 就是一般的具有斜交结构的稀疏化因子分析模型.

Choi 等 (2010) 首次利用 L_1 范数, 即考虑 $P(\cdot)$ 为 LASSO 惩罚, 给出了正交结构下的稀疏化因子分析 (sparse factor analysis, SFA) 模型. 基于自适应 LASSO 的思想, 作者还设计了一种自适应加权的模型, 在 $|a_{ij}|$ 之前加上自适应的权重 $\hat{w}_{ij}$, 权重按照普通的稀疏化因子模型得到 a_{ij} 的估计, 然后计算权重 $\hat{w}_{ij} = 1/|a_{ij}|$. 这样得到的自适应稀疏化因子模型在实例分析中效果更好.

稀疏化的因子分析模型看似和经典的旋转方法大相径庭, 其实两者之间同音同律. Hirose 和 Yamamoto (2014) 揭示了探索性因子分析中的旋转方法和正则化方法之间的联系, 并考虑了 $P(\cdot)$ 为非凸惩罚函数 MCP 和 SCAD 的稀疏因子模型.

在 R 软件中, 第 8 章介绍的 spca 函数也可用于求解稀疏因子模型. 本章重点介绍 fanc 包中的 fanc 函数求解基于非凸惩罚函数的稀疏因子模型, 该函数还提供了 BIC 等准则选择正则化参数, 具体调用形式见表 9.1.

表 9.1　fanc 函数表

fanc(x, factors, rho, gamma, normalize=TRUE, type="MC")	
x	原始数据矩阵
factors	需要提取的因子个数
rho	正则化参数 ρ
gamma	非凸惩罚函数的另一个参数, 必须提供一个向量
normalize	变量是否标准化, 默认 TRUE
type	惩罚函数的类型, 默认为 MCP 惩罚

9.3　因子分析实例

本次案例采用的是 2020 年第三季度新冠检测概念 53 只股票的财务数据, 涉及指标包括总资产、流动负债、营业利润、净利润、每股收益、净益率、权益比、利润同比和收入同比共 9 个指标. 数据来源于西南证券金点子财富管理, 数据可视化的结果见图 9.1.

首先我们采用 KMO 检验和 Bartlett 球形检验判断该数据集是否可以进行因子分析, KMO 检验得到的系数为 $0.6046 > 0.5$, Bartlett 球形检验的 p 值远小于 0.05, 两者都表明数据呈球形分布, 各个变量在一定程度上相互独立, 符合标准. 进一步根据水平检验可以判断出需要提取 2 个公因子, 判断结果见图 9.2. 需要注意的是对于因子分析, Kaiser-Harris 准则的特征值是大于 0, 而不是 1.

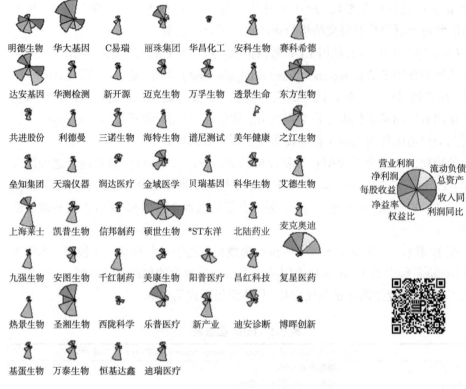

图 9.1 数据可视化 (彩图请扫二维码)

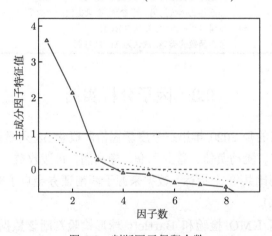

图 9.2 判断因子保留个数

在 R 软件中 fa 函数提供了许多提取公因子的方法, 这里我们以极大似然法为例, 得到的累积贡献率为 68.3%, 此外我们还给出了基于正交旋转和斜交旋转的标准化因子载荷的估计, 详细信息见表 9.2.

表 9.2　因子分析表

变量	因子载荷估计		正交-因子载荷估计		斜交-因子载荷估计		共性方差	特殊方差
	F_1	F_2	F_1	F_2	F_1	F_2		
总资产	0.610	−0.530	−0.110	0.800	−0.194	0.781	0.650	0.346
流动负债	0.510	−0.530	−0.160	0.720	−0.238	0.690	0.540	0.459
营业利润	1.000	−0.030	0.520	0.850	0.429	0.910	1.000	0.005
净利润	1.000	0.020	0.570	0.820	0.479	0.884	0.990	0.008
每股收益	0.490	0.710	0.860	0.020	0.858	0.128	0.750	0.252
净益率	0.550	0.710	0.890	0.070	0.882	0.185	0.800	0.196
权益比	−0.150	0.280	0.150	−0.280	0.179	−0.260	0.100	0.898
利润同比	0.370	0.700	0.790	−0.070	0.794	0.028	0.630	0.369
收入同比	0.280	0.770	0.800	−0.190	0.816	−0.087	0.680	0.323

根据表 9.2 的结果可知, 当不旋转时, 所得到的因子载荷是不容易解释的, 而通过正交旋转后可以发现第一因子主要与每股收益、净益率、利润同比和收入同比有关, 第二因子主要与总资产、流动负债、营业利润和净利润有关. 而在实际应用中, 斜交旋转尽管更复杂, 但往往比正交旋转更符合实际情况, 这是因为正交旋转人为地强制两个因子不相关, 而斜交允许潜在因子相关. 根据表 9.2 也可以发现, 尽管本例中斜交旋转和正交旋转得到的第一因子和第二因子代表含义相同, 但斜交旋转所得因子载荷矩阵的噪声大.

图 9.3 和图 9.4 分别给出了正交旋转和斜交旋转两因子与变量间关系的可视化图. 最后我们给出了三种方法基于回归法的因子得分表和散点图, 分别见表 9.3 和图 9.5.

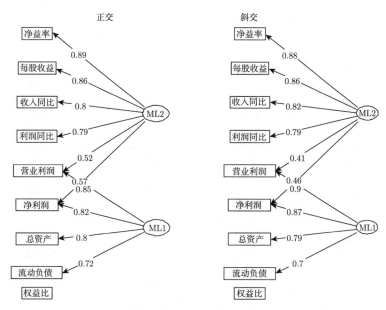

图 9.3　两因子变量关系图

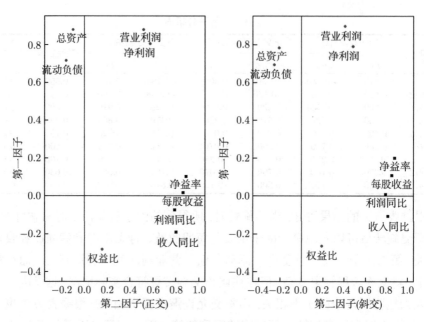

图 9.4　两因子变量散点图

表 9.3　因子得分表

股票名称	未旋转		正交旋转		斜交旋转		稀疏因子分析	
	第一因子	第二因子	第一因子	第二因子	第一因子	第二因子	第一因子	第二因子
明德生物	−0.141	2.277	1.825	−1.368	1.959	−1.122	0.424	0.193
华大基因	3.340	1.142	2.789	2.164	2.545	2.504	3.872	0.654
C 易瑞	−0.641	−0.051	−0.395	−0.508	−0.339	−0.555	−0.575	−0.521
丽珠集团	1.741	−1.128	0.014	2.075	−0.205	2.059	0.934	1.454
华昌化工	−0.686	−0.587	−0.867	−0.251	−0.836	−0.360	−0.688	0.071
安科生物	−0.274	−0.151	−0.277	−0.147	−0.260	−0.181	−0.269	−0.276
赛科希德	−0.656	−0.131	−0.470	−0.476	−0.417	−0.533	−0.900	−0.773
达安基因	1.574	1.970	2.511	0.233	2.472	0.554	2.020	0.707
华测检测	−0.157	−0.203	−0.256	−0.020	−0.252	−0.053	−0.036	0.034
新开源	−0.599	−0.312	−0.590	−0.329	−0.552	−0.402	−0.630	−0.335
迈克生物	0.181	−0.182	−0.052	0.252	−0.079	0.243	0.371	0.074
万孚生物	0.141	0.254	0.290	−0.022	0.291	0.015	0.511	−0.024
透景生命	−0.672	−0.214	−0.548	−0.443	−0.498	−0.510	−0.803	−0.633
东方生物	0.303	2.494	2.250	−1.117	2.356	−0.819	0.706	−0.514
共进股份	−0.317	−0.405	−0.512	−0.043	−0.505	−0.108	−0.525	0.248
利德曼	−0.689	−0.371	−0.688	−0.372	−0.645	−0.458	−0.612	−0.560
三诺生物	−0.339	−0.114	−0.282	−0.221	−0.257	−0.255	−0.262	−0.169
海特生物	−0.736	−0.449	−0.780	−0.368	−0.737	−0.466	−0.788	−0.549
谱尼测试	−0.646	−0.134	−0.466	−0.466	−0.415	−0.522	−0.635	−0.783
美年健康	−1.427	−1.000	−1.620	−0.643	−1.543	−0.846	−2.498	0.471

续表

股票名称	未旋转		正交旋转		斜交旋转		稀疏因子分析	
	第一因子	第二因子	第一因子	第二因子	第一因子	第二因子	第一因子	第二因子
之江生物	0.344	1.272	1.251	−0.412	1.288	−0.247	0.761	−0.590
垒知集团	−0.296	−0.250	−0.371	−0.110	−0.358	−0.157	−0.210	0.022
天瑞仪器	−0.680	−0.320	−0.641	−0.392	−0.596	−0.471	−0.643	−0.592
润达医疗	−0.227	−0.665	−0.680	0.176	−0.695	0.087	−0.508	0.506
金域医学	0.872	0.373	0.791	0.524	0.731	0.621	1.240	0.283
贝瑞基因	−0.491	−0.238	−0.468	−0.280	−0.436	−0.338	−0.368	−0.404
科华生物	0.120	−0.227	−0.123	0.225	−0.146	0.207	0.430	0.154
艾德生物	−0.531	0.078	−0.227	−0.486	−0.174	−0.511	−0.522	−0.447
上海莱士	0.870	−0.823	−0.209	1.179	−0.332	1.142	0.543	0.798
凯普生物	−0.284	0.259	0.061	−0.380	0.101	−0.369	−0.245	−0.257
信邦制药	−0.497	−0.661	−0.826	−0.052	−0.815	−0.157	−0.904	0.261
硕世生物	0.204	3.332	2.896	−1.660	3.055	−1.274	0.874	−0.758
*ST 东洋	−0.696	−0.514	−0.812	−0.299	−0.776	−0.401	−0.445	−0.623
北陆药业	−0.489	−0.089	−0.343	−0.360	−0.303	−0.401	−0.277	−0.379
麦克奥迪	−0.566	−0.139	−0.427	−0.396	−0.383	−0.448	−0.226	−0.377
九强生物	−0.576	−0.333	−0.594	−0.298	−0.560	−0.372	−0.588	−0.437
安图生物	0.039	−0.059	−0.028	0.065	−0.035	0.061	0.243	−0.014
千红制药	−0.501	−0.211	−0.451	−0.303	−0.417	−0.358	−0.592	−0.339
美康生物	−0.403	0.119	−0.122	−0.402	−0.079	−0.414	0.050	−0.511
阳普医疗	−0.416	0.674	0.335	−0.718	0.409	−0.669	−0.180	−1.438
昌红科技	−0.486	0.228	−0.076	−0.531	−0.020	−0.537	−0.367	−0.261
复星医药	3.318	−3.097	−0.765	4.474	−1.232	4.339	−0.921	6.033
热景生物	−0.717	−0.250	−0.603	−0.462	−0.551	−0.536	−0.843	−0.498
圣湘生物	2.266	0.670	1.805	1.525	1.634	1.744	2.694	−0.182
西陇科学	−0.652	−0.161	−0.493	−0.456	−0.443	−0.516	−0.336	0.472
乐普医疗	2.190	−0.865	0.480	2.305	0.235	2.348	2.123	1.954
新产业	0.306	0.006	0.173	0.253	0.146	0.273	0.276	−0.351
迪安诊断	0.784	−0.447	0.058	0.901	−0.038	0.901	0.437	0.841
博晖创新	−0.704	−0.430	−0.746	−0.352	−0.704	−0.445	−0.281	−0.185
基蛋生物	−0.411	−0.007	−0.231	−0.340	−0.194	−0.367	−0.210	−0.284
万泰生物	−0.014	0.086	0.064	−0.059	0.070	−0.050	0.167	−0.249
恒基达鑫	−0.608	−0.085	−0.405	−0.462	−0.354	−0.510	−0.497	−0.360
迪瑞医疗	−0.368	0.067	−0.146	−0.345	−0.109	−0.361	−0.293	−0.560

最后我们来考虑稀疏因子分析, 这里采用 fanc 函数进行稀疏因子分析, 关于调节参数的选择, 本次案例给定 MCP 惩罚函数中 $\gamma = 1.96$ 后采用 BIC 准则得到另一个参数为 0.2051. 得到的因子模型可视化及相关信息见图 9.6, 求得两个因子的载荷估计见表 9.4. 根据表 9.4 可知, 第一因子主要与营业利润、净利润、每股收益和净益率有关, 第二因子主要与总资产、流动负债有关因子. 得分见表 9.3.

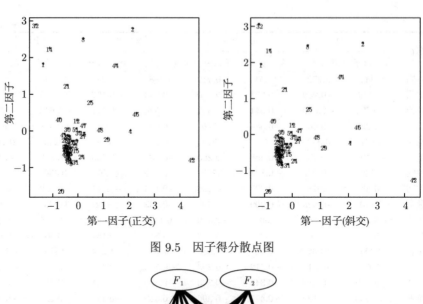

图 9.5　因子得分散点图

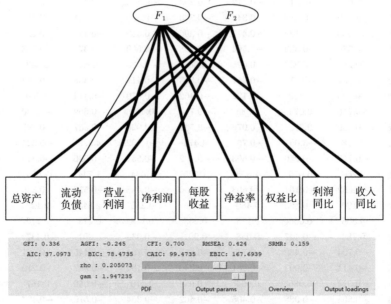

图 9.6　稀疏因子模型及相关指标信息

表 9.4　因子载荷估计

	总资产	流动负债	营业利润	净利润	每股收益	净益率	权益比	利润同比	收入同比
F_1	0	−0.0897	0.7583	0.803	0.6598	0.7743	0	0.5484	0.467
F_2	0.9676	0.9382	0.7202	0.6682	0	0	−0.4417	0	0

更直观地, 我们通过绘制因子得分散点图 (图 9.7) 可以发现, 基于正交和斜交旋转方法得到的散点主要集中在第三象限, 且分布大致相同, 而基于稀疏因子分

析的方法得到的散点也主要集中在第三象限, 但分布已经与正交和斜交旋转法有很大的区别, 但主要特征还是相同的, 如第 42 个和第 2 个样本都在边缘位置等.

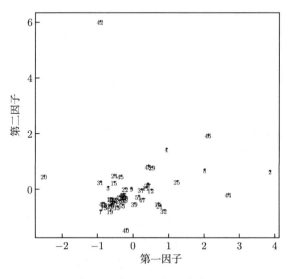

图 9.7 稀疏因子得分散点图

第 10 章　纵向数据分析

10.1　纵 向 数 据

纵向数据 (longitudinal data) 是指对一系列试验个体随着时间的演变进行跟踪测量得到的数据. 具体而言, 假设在一项研究中有 m 个个体, 对每个个体随着时间的推移进行测量, 则第 i 个试验个体在时刻 $t_{i1} < t_{i2} < \cdots < t_{in_i}$, 测得的数据为 $Y_{i1} < Y_{i2} < \cdots < Y_{in_i}, i = 1, 2, \cdots, m$. 称 $\{Y_{ik} : 1 \leqslant k \leqslant n_i, 1 \leqslant i \leqslant m\}$ 为纵向数据. 从下面我们给出的简单的纵向数据集表 10.1 不难看出, 如果固定试验个体 i, 则每一行都是短时序的时间序列; 如果固定时间, 则每一列都是一个截面数据. 因此纵向数据是由时间序列和截面数据结合在一起的, 兼有时间序列和多元分析的特点. 特别地, 当 $n_1 = n_2 = \cdots = n_m = n$ 时, 我们称其为平衡数据, 否则为非平衡数据.

表 10.1　纵向数据集

i	t_{i1}	t_{i2}	t_{i3}	t_{i4}	$\cdots$	t_{in_i}
1	Y_{11}	Y_{12}	Y_{13}	Y_{14}	$\cdots$	Y_{1n_1}
2	Y_{21}	Y_{22}	Y_{23}	Y_{24}	$\cdots$	Y_{2n_2}
3	Y_{31}	Y_{32}	Y_{33}	Y_{34}	$\cdots$	Y_{3n_3}
$\vdots$	$\vdots$	$\vdots$	$\vdots$	$\vdots$		$\vdots$
m	Y_{m1}	Y_{m2}	Y_{m3}	Y_{m4}	$\cdots$	Y_{mn_m}

这里介绍一些下面会使用的记号. 假设有 m 个个体, 第 i 个试验个体在时刻 $t_{i1} < t_{i2} < \cdots < t_{in_i}$ 的响应变量和协变量分别为

$$Y_i = \begin{pmatrix} Y_{i1} \\ \vdots \\ Y_{in_i} \end{pmatrix}, \quad X_i = \begin{pmatrix} X'_{i1} \\ \vdots \\ X'_{in_i} \end{pmatrix} = \begin{pmatrix} X_{i11} & \cdots & X_{i1p} \\ \vdots & & \vdots \\ X_{in_i1} & \cdots & X_{in_ip} \end{pmatrix},$$

其中 $X_{ik} = (X_{ik1}, \cdots, X_{ikp})', k = 1, 2, \cdots, n_i, i = 1, 2, \cdots, m$. 随机变量的 Y_i 与 X_{ik} 对应的观测值分别用 $y_i = (y_{i1}, \cdots, y_{in_i})'$ 和 $x_{ik} = (x_{ik1}, \cdots, x_{ikp})'$ 表示.

纵向数据的一个基本假设是 $Y_1, Y_2, \cdots, Y_m$ 之间相互独立, 而对固定的个体

$i, Y_{i1}, Y_{i2}, \cdots, Y_{in_i}$ 之间是相关的. 记 Y_{ik} 的均值和方差分别为 μ_{ik}, ν_{ik}. 记

$$\mu_{ik} = E(Y_i) = \begin{pmatrix} \mu_{i1} \\ \vdots \\ \mu_{in_i} \end{pmatrix},$$

$$V_i = \mathrm{Var}(Y_i) = \begin{pmatrix} \mathrm{Var}(Y_{i1}) & \cdots & \mathrm{cov}(Y_{i1}, Y_{in_i}) \\ \vdots & & \vdots \\ \mathrm{cov}(Y_{in_i}, Y_{i1}) & \cdots & \mathrm{Var}(Y_{in_i}) \end{pmatrix},$$

其中 V_i 的第 j 行第 k 列元素是 Y_{ij} 与 Y_{ik} 的协方差 $\mathrm{cov}(Y_{ij}, Y_{ik}) = \nu_{ijk}$, 当 $j = k$ 时, 即为方差 ν_{ik}. 同理可定义 R_i 为 Y_i 的相关矩阵. 令 $Y = (Y_1', Y_2', \cdots, Y_m')'$ 为 $N = \sum\limits_{i=1}^{m} n_i$ 维向量.

10.2　纵向数据线性模型

假设有 m 个个体, 不失一般性, 假定每个个体分别观测 n 次, 即考虑为平衡数据, 总的观测次数为 $N = mn$. 其中第 i 个个体的第 j 次观测为 $Y_{ij}, i = 1, 2, \cdots, m, j = 1, 2, \cdots, n$. 与 Y_{ij} 对应的 p 个协变量观测值分别为 $X_{ij1}, X_{ij2}, \cdots, X_{ijp}$, 满足

$$Y_{ij} = X_{ij1}\beta_1 + X_{ij2}\beta_2 + \cdots + X_{ijp}\beta_p + \varepsilon_{ij} = X_{ij}'\beta + \varepsilon_{ij}, \qquad (10.1)$$

则称 (10.1) 式为纵向数据的线性模型, 其中 $X_{ij}' = (X_{ij1}, X_{ij2}, \cdots, X_{ijp}), \varepsilon_{ij}$ 为随机误差, $\beta = (\beta_1, \beta_2, \cdots, \beta_p)'$ 为未知的回归系数. 令 $\varepsilon_i = (\varepsilon_{i1}, \varepsilon_{i2}, \cdots, \varepsilon_{ip})'$, 则 (10.1) 式可写为

$$Y_i = X_i\beta + \varepsilon_i. \qquad (10.2)$$

进一步, 若令

$$Y_{N \times 1} = \begin{pmatrix} Y_1 \\ \vdots \\ Y_m \end{pmatrix}, \quad X_{N \times p} = \begin{pmatrix} X_1 \\ \vdots \\ X_m \end{pmatrix}, \quad \varepsilon_{N \times 1} = \begin{pmatrix} \varepsilon_1 \\ \vdots \\ \varepsilon_m \end{pmatrix},$$

则 (10.2) 式进一步可以写为

$$Y = X\beta + \varepsilon. \qquad (10.3)$$

纵向数据通常假设不同个体之间的观测是相互独立的, 而对同一个个体内部的不同观测是相关的, 且满足 $E(Y_i) = X_i\beta, \mathrm{Var}(Y_i) = \sigma^2 V_i, i = 1, 2, \cdots, m$. 易知, 对 Y 有 $E(Y) = X\beta, \mathrm{Var}(Y) = V = \sigma^2 V^*$, 其中

$$V^* = \begin{pmatrix} V_1 & & \\ & \ddots & \\ & & V_m \end{pmatrix}$$

为包含 m 个对角元的分块对角矩阵.

针对模型 (10.3) 的求解问题, 通常采用加权最小二乘估计和极大似然估计以及约束极大似然估计.

1. 加权最小二乘估计

加权最小二乘估计即考虑最小化如下的目标函数:

$$S_W(\beta) = (Y - X\beta)'W(Y - X\beta),$$

解得

$$\hat{\beta}_W = (X'WX)^{-1}X'WY,$$

其中 W 为实对称正定矩阵, 显然加权最小二乘估计 $\hat{\beta}_W$ 有如下的性质:

$$E(\hat{\beta}_W) = (X'WX)^{-1}X'WX\beta = \beta,$$

$$\mathrm{Var}(\hat{\beta}_W) = (X'WX)^{-1}X'W[\mathrm{Var}(Y)]WX\beta(X'WX)^{-1}.$$

即对任意的加权矩阵 $W, \hat{\beta}_W$ 均是 β 的无偏估计. 特别地, 当 $W = V^{-1} = \mathrm{Var}^{-1}(Y)$ 时, 有

$$\hat{\beta}_V = (X'V^{-1}X)^{-1}X'V^{-1}Y, \quad \mathrm{Var}(\hat{\beta}_V) = (X'V^{-1}X)^{-1}. \tag{10.4}$$

当 $W = I$ 时, $\hat{\beta}_W$ 退化为普通最小二乘估计

$$\hat{\beta} = (X'X)^{-1}X'Y, \quad \mathrm{Var}(\hat{\beta}) = (X'X)^{-1}X'VX(X'X)^{-1}.$$

因此加权矩阵的选取对估计的方差有直接的影响. 加权最小二乘估计的优点在于不需要对响应变量的分布作具体的假定, 只需要假设 Y 的一阶矩和二阶矩存在即可.

2. 极大似然估计

当响应变量 Y 的分布已知时, 此时加权最小二乘估计就没有充分地利用总体分布的信息, 此时可以考虑极大似然估计, 即考虑 $\varepsilon_i \sim N(0, \sigma^2 V_i), i = 1, 2, \cdots, m$. 则 Y 的对数似然函数为

$$\ln(\beta, \sigma^2) = -\frac{1}{2}N\ln(2\pi) - \frac{1}{2}\ln(|V|) - \frac{1}{2}(Y - X\beta)'V^{-1}(Y - X\beta).$$

当 V_i 和 σ^2 已知时, 解得

$$\hat{\beta}_{\text{MLE}} = (X'V^{-1}X)^{-1}X'V^{-1}Y. \tag{10.5}$$

$$\hat{\sigma}^2 = \frac{1}{N}(Y - X\hat{\beta}_{\text{MLE}})'V^{-1}(Y - X\hat{\beta}_{\text{MLE}}). \tag{10.6}$$

当 V_i 和 σ^2 未知时, 将 (10.5) 式和 (10.6) 式代入对数似然函数可以得到

$$\ln(\hat{\beta}_{\text{MLE}}, \hat{\sigma}^2) \propto -\frac{N}{2}\ln\left[(Y - X\hat{\beta}_{\text{MLE}})'V^{-1}(Y - X\hat{\beta}_{\text{MLE}})\right] - \frac{1}{2}\sum_{i=1}^{m}\ln(|V_i|).$$

上式关于 V_i 的求解更加复杂, 需要一些数值优化技巧和算法实现, 这里不再深入讨论. 若记得到的 V_i 的极大似然估计为 $\hat{V}_i$, 再将 $\hat{V}_i$ 代入 (10.5) 式和 (10.6) 式得到 β 和 σ^2 的极大似然估计分别为 $\hat{\beta}_{\text{MLE}}$ 和 $\hat{\sigma}^2$.

3. 约束极大似然估计

为了得到纵向数据下的方差参数的无偏估计, Patterson 和 Thompson 在 1971 年提出了约束极大似然估计. 具体如下:

假设响应变量 Y 服从多元正态分布, 即 $Y \sim N(X\beta, V)$. 由 (10.5) 式可得

$$\hat{\beta} \sim N\left(\beta, (X'V^{-1}X)^{-1}\right).$$

令 $\tilde{Y} = GY$, 则 $E(\tilde{Y}) = GX\beta = 0, \text{Var}(\tilde{Y}) = GVG'$. $\tilde{Y}$ 的均值不依赖于 β, 但其协方差矩阵是奇异的. 为了得到非奇异的分布, 定义 $B_{N \times (N-p)}$ 满足 $BB' = G$ 且 $B'B = I$. 令 $Z = B'Y$, 因为 $GX = [I - X(X'X)^{-1}X']X = 0$, 所以 $E(Z) = B'X\beta = B'GX\beta = 0$. 又因为

$$\begin{aligned}
\text{cov}(Z, \hat{\beta}) &= \text{cov}(B'Y, (X'V^{-1}X)^{-1}X'V^{-1}Y) \\
&= B'\text{Var}(Y)V^{-1}X(X'V^{-1}X)^{-1} \\
&= (B'B)B'X(X'V^{-1}X)^{-1} \\
&= B'GX(X'V^{-1}X)^{-1} \\
&= 0,
\end{aligned}$$

因此 Z 与参数 β 无关, 其变异主要是由协方差矩阵引起的. 故基于 Z 去估计协方差矩阵 V, 要先导出 Z 的密度函数. 因

$$\begin{pmatrix} \hat{\beta} \\ Z \end{pmatrix} = \begin{pmatrix} (X'V^{-1}X)^{-1}X'V^{-1} \\ B' \end{pmatrix} Y = CY,$$

故 Z 与 $\hat{\beta}$ 的联合概率密度函数为正态分布. 又因为 Z 与 $\hat{\beta}$ 都是 Y 的线性组合, 均服从正态分布, 且协方差为 0, 故 Z 与 $\hat{\beta}$ 独立. 由此可知, Z 的密度函数与 $f(Y)/f(\hat{\beta})$ 成正比, 比例常数为变换矩阵的雅可比行列式. 故

$$\frac{f(Y)}{f(\hat{\beta})} = (2\pi)^{-\frac{N-p}{2}} |V|^{-\frac{1}{2}} |X'V^{-1}X|^{-\frac{1}{2}} \exp\left\{-\frac{1}{2}(Y - X\hat{\beta})'V^{-1}(Y - X\hat{\beta})\right\}.$$

约束极大似然估计就是从 Z 的密度函数出发得到 V 的极大似然估计. 易知 Z 的对数似然函数为

$$\ln(V) \propto -\frac{1}{2}\left[\ln(|V|) + \ln(|X'V^{-1}X|) + (Y - X\hat{\beta})'V^{-1}(Y - X\hat{\beta})\right]. \quad (10.7)$$

则最大化 (10.7) 式得到 V 的约束极大似然估计为 $\tilde{V}$, 对应 β 的约束极大似然估计为

$$\hat{\beta}_{\text{REMLE}} = (X'\tilde{V}^{-1}X)^{-1}X'\tilde{V}^{-1}Y. \quad (10.8)$$

当假定 $V_1 = V_2 = \cdots = V_m = V_0$ 时, 进一步可以求得 σ^2 的约束极大似然估计为

$$\tilde{\sigma}^2 = \frac{1}{N-p}\sum_{i=1}^{m}(Y - X\hat{\beta}_{\text{REMLE}})\tilde{V}_0^{-1}(Y - X\hat{\beta}_{\text{REMLE}}), \quad (10.9)$$

其中 $\tilde{V}_0$ 是使

$$N\ln(|V_0|) + \ln\left(\left|\sum_{i=1}^{m}X_i'V_0^{-1}X_i\right|\right) + \sum_{i=1}^{m}(Y_i - X_i\hat{\beta}_{\text{REMLE}})V_0^{-1}(Y_i - X_i\hat{\beta}_{\text{REMLE}})$$

达到最大的 V_0.

在 R 软件中 lm 函数提供了最小二乘估计, 而 nlme 包中的 gls 函数提供了极大似然估计 (加权最小二乘估计) 和约束极大似然估计. 具体使用见表 10.2.

表 10.2　gls 函数表

gls(model, data, correlation, weights, method)	
model	描述自变量和因变量关系的式子, 与 lm 函数一样
data	包含变量名称的数据框
correlation	描述组内相关结构的对象
weights	描述组内异方差结构的对象
method	选择求解方法, ''ML'' 为极大似然估计, ''REML'' 为约束极大似然估计

10.3 广义线性模型

本节主要介绍独立随机变量的广义线性模型, 为下一节推广纵向数据的广义线性模型做准备.

10.3.1 广义线性模型的定义

定义 10.1 若随机变量 Y 的概率密度函数或者概率分布具有如下的形式:

$$f(y; \theta, \phi) = \exp \left\{ \frac{y\theta - b(\theta)}{a(\phi)} + c(y, \phi) \right\}, \tag{10.10}$$

其中 $a(\cdot), b(\cdot)$ 和 $c(\cdot)$ 为确定的连续函数, ϕ 为散布参数, θ 为自然参数, 则称随机变量 Y 服从指数族分布.

根据定义 10.1 可以得到 Y 的期望和方差分别为

$$\mu = E(Y) = b'(\theta), \quad \text{Var}(Y) = a(\phi)b''(\theta). \tag{10.11}$$

显然, Y 的方差依赖于自然参数 θ, 进而也依赖于均值 μ, 记 $V(\mu)$ 为 Y 的方差函数.

定义协变量的线性组合 $\eta = X_1\beta_1 + \cdots + X_p\beta_p$, 称 η 为线性因子. 假设线性因子 η 与 Y 的均值 μ 之间的函数关系为 $h(\cdot)$, 即 $\eta = h(\mu)$, 则称 $h(\cdot)$ 为连接函数. 不同的连接函数分别适用不同分布的响应变量, 通常要求连接函数为单调可微函数 (连续且充分光滑). 常见的连接函数包括

(1) 恒等函数: $h(\mu) = \mu$;

(2) 对数函数: $h(\mu) = \ln(\mu), \mu > 0$;

(3) Logistic 函数: $h(\mu) = \ln[\mu/(1-\mu)], \mu \in (0,1)$;

(4) Probit 函数: $h(\mu) = \Phi^{-1}(\mu), \mu \in [0,1]$, $\Phi(\cdot)$ 为标准正态分布的分布函数;

(5) 倒数函数: $h(\mu) = \mu^{-1}, \mu \neq 0$;

(6) 平方的倒数函数: $h(\mu) = \mu^{-2}, \mu \neq 0$;

(7) 重对数函数: $h(\mu) = \ln[\ln(\mu^{-1})], \mu \in (0,1)$;

(8) 互补重对数函数: $h(\mu) = \ln[\ln((1-\mu)^{-1})], \mu \in (0,1)$.

定义 10.2 对响应变量 Y 及协变量 $X_1, X_2, \cdots, X_p$, 设回归系数为 $\beta_1, \beta_2, \cdots, \beta_p$, 若满足以下两个条件.

(1) 响应变量 Y 服从指数族分布, 即

$$f(y; \theta, \phi) = \exp \left\{ \frac{y\theta - b(\theta)}{a(\phi)} + c(y, \phi) \right\};$$

(2) 存在连接函数 $h(\cdot)$, 使得 $\mu = b'(\theta)$ 变换成

$$h(\mu) = \eta = X_1\beta_1 + X_2\beta_2 + \cdots + X_p\beta_p,$$

则称响应变量 Y 及协变量 $X_1, X_2, \cdots, X_p$ 服从广义线性回归模型.

根据定义 10.2 和 (10.11) 式可知, $\mu = E(Y) = b'(\theta), \mathrm{Var}(Y) = a(\phi)\dfrac{\partial \mu}{\partial \theta}$. 在表 10.3 中给出了常用的指数族分布的均值函数、方差函数、连接函数和散布参数等.

表 10.3　常见的指数族分布

	正态分布 $N(\mu, \sigma^2)$	泊松分布 $P(\mu)$	二项分布 $B(m, \pi)$	伽马分布 $\Gamma(\mu, \nu)$
ϕ	$\phi = \sigma^2$	$\phi = 1$	$\phi = 1/m$	$\phi = 1/\nu$
$b(\theta)$	$\theta^2/2$	$\exp(\theta)$	$\ln(1 + e^\theta)$	$-\ln(-\theta)$
$c(y, \phi)$	$-\dfrac{1}{2}\left(\dfrac{y^2}{\phi} + \ln(2\pi\phi)\right)$	$-\ln(y!)$	$\ln\begin{pmatrix} m \\ my \end{pmatrix}$	
$\mu(\theta)$	θ	$\exp(\theta)$	$e^\theta/(1 + e^\theta)$	$-1/\theta$
自然连接函数	恒等连接函数	$\ln$	logit	$1/\mu$
方差函数 $V(\mu)$	1	μ	$\mu(1 - \mu)$	μ^2

10.3.2　广义线性模型中的参数估计

这里主要介绍广义线性模型中未知参数的极大似然估计, 极大化对数似然函数的求解可以转化为其一阶导数等于 0 的根的求解问题, 这里仅介绍常用的加权最小二乘法、Newton-Raphson 迭代方法和费希尔得分算法.

根据定义 10.2 易知关于参数 β 的对数似然函数为

$$\ln(\beta) = \sum_{i=1}^{m}\left[\frac{y_i\theta_i(\beta) - b(\theta_i(\beta))}{a(\phi)} + c(y_i, \phi)\right], \tag{10.12}$$

从而可以得到回归参数 β 的得分函数为

$$U(\beta) = \begin{pmatrix} U_1(\beta) \\ \vdots \\ U_p(\beta) \end{pmatrix} = \begin{pmatrix} \dfrac{\partial Ln}{\partial \beta_1} \\ \vdots \\ \dfrac{\partial Ln}{\partial \beta_p} \end{pmatrix} = \begin{pmatrix} \sum\limits_{i=1}^{m}\dfrac{\partial Ln_i}{\partial \beta_1} \\ \vdots \\ \sum\limits_{i=1}^{m}\dfrac{\partial Ln_i}{\partial \beta_p} \end{pmatrix}. \tag{10.13}$$

通过相关的矩阵求导最终可以把 (10.13) 式改写为

$$U(\beta) = D'V^{-1}(Y - \mu), \tag{10.14}$$

其中

$$D = \begin{pmatrix} \dfrac{\partial \mu_1}{\partial \beta_1} & \cdots & \dfrac{\partial \mu_1}{\partial \beta_p} \\ \vdots & & \vdots \\ \dfrac{\partial \mu_m}{\partial \beta_1} & \cdots & \dfrac{\partial \mu_m}{\partial \beta_p} \end{pmatrix}, \quad V = \mathrm{diag}\left\{ \mathrm{Var}(Y_1), \mathrm{Var}(Y_2), \cdots, \mathrm{Var}(Y_m) \right\}.$$

令 $\Delta = \mathrm{diag}\left\{ \dfrac{\partial g}{\partial \eta_1}, \dfrac{\partial g}{\partial \eta_2}, \cdots, \dfrac{\partial g}{\partial \eta_m} \right\}$, 则有 $D = \Delta X$, 容易验证 $E(U(\beta)) = 0$. 对于回归系数的似然方程有

$$U(\beta) = D'V^{-1}(Y - \mu) = X'\Delta V^{-1}(Y - \mu) = 0. \tag{10.15}$$

由于似然方程 (10.15) 式通常没有显示解, 因此可以采用如下的三种迭代算法.

1. 迭代加权最小二乘法

均值函数 μ 可能是 β 的非线性函数, 考虑线性化估计, 令 $z = X\beta + \Delta^{-1}(Y - \mu)$, 则有 $Y - \mu = \Delta(z - X\beta)$. 似然方程 (10.15) 式可以写为 $U(\beta) = X'\Delta V^{-1}\Delta(z - X\beta) = 0$. 因此可以得到回归系数 β 的加权最小二乘估计为

$$\hat{\beta} = (X'WX)^{-1}X'Wz, \tag{10.16}$$

其中 $W = \Delta V^{-1}\Delta$. 由于实际应用中 z 未知, 通常采用迭代法求解, 因此上述估计通常称为迭代加权最小二乘估计. 具体而言, 给定初值 $\hat{\beta}^{(0)}$, 计算加权矩阵 W 和 z 的初值分别为 $W^{(0)}$ 和 $z^{(0)}$, 进而通过 (10.16) 式得到 $\hat{\beta}^{(1)}$. 重复该步骤直至收敛.

2. Newton-Raphson 迭代方法

Newton-Raphson 迭代方法即对 (10.15) 式进行一阶 Taylor 展开, 进而求得近似解. 具体而言, 假设 $\hat{\beta}$ 为满足 (10.15) 式的极大似然估计, 则有

$$U(\hat{\beta}) \approx U(\beta) + \frac{\partial U(\beta)}{\partial \beta'}(\hat{\beta} - \beta) = U(\beta) + \frac{\partial^2 \ln(\beta)}{\partial \beta \partial \beta'}(\hat{\beta} - \beta),$$

从而可以得到 Newton-Raphson 迭代公式为

$$\hat{\beta}^{(r+1)} = \hat{\beta}^{(r)} + \left(-\frac{\partial U(\beta)}{\partial \beta'}\Big|_{\beta = \hat{\beta}^{(r)}} \right)^{-1} U(\hat{\beta}^{(r)}). \tag{10.17}$$

3. Fisher 得分迭代法

(10.17) 式中的 $-\dfrac{\partial U(\beta)}{\partial \beta'}$ 为 β 的信息矩阵, 这是因为 $E\left(-\partial U(\beta)/\partial \beta'\right)$ 为 Fisher 信息矩阵 $I(\beta) = X'WX$. Fisher 得分算法就是采用 Fisher 信息矩阵代替信息矩阵, 从而避免对数似然函数求二阶导数. 具体如下:

$$\begin{aligned}
\hat{\beta}^{(r+1)} &= \hat{\beta}^{(r)} + \left[I(\hat{\beta}^{(r)})\right]^{-1} U(\hat{\beta}^{(r)}) \\
&= \hat{\beta}^{(r)} + \left.\left[(X'WX)^{-1} X'\Delta V^{-1}\Delta(z - X\beta)\right]\right|_{\beta = \hat{\beta}^{(r)}} \\
&= (X'WX)^{-1} X'Wz \Big|_{\beta = \hat{\beta}^{(r)}}.
\end{aligned} \tag{10.18}$$

上式表明 Fisher 得分迭代法和迭代加权最小二乘法是等价的.

10.4 边 际 模 型

本节主要将广义线性模型推广至纵向数据, 介绍边际模型的均值参数的估计问题. 边际模型是对总体指标建模, 不顾及每个个体的随机特征. 在边际模型中, 我们对边际均值 $E(Y_{ik})$ 和边际方差 $\mathrm{Var}(Y_{ik})$ 进行建模. 一般而言, 边际模型通常有如下的假设:

(1) 边际均值 $E(Y_{ik}) = \mu_{ik}$ 通过连接函数 $h(\mu_{ik}) = X'_{ik}\beta$ 依赖于解释变量, 其中连接函数 $h(\cdot)$ 是已知的. 设 $g(\cdot)$ 为连接函数的逆函数, 则 $\mu_{ik} = g(X'_{ik}\beta)$.

(2) 边际方差依赖于边际均值, 即 $\mathrm{Var}(Y_{ik}) = v(\mu_{ik}) = \phi V(\mu_{ik})$, 其中 $V(\cdot)$ 为已知的方差函数, ϕ 是未知的散布参数.

(3) Y_{ij} 和 Y_{ik} 的相关系数是边际均值的函数, 还可能依赖于其他参数 α. 也就是说 $\mathrm{corr}(Y_{ij}, Y_{ik}) = \rho(\mu_{ij}, \mu_{ik}, \alpha)$, 其中 $\rho(\cdot)$ 已知.

在边际模型中, 如果响应变量是连续型, 常设连接函数 $h(\cdot)$ 为恒等函数, 此时边际模型就是前面提及的纵向数据的线性模型. 如果响应变量是二元的, 常设 $h(\cdot)$ 为 logit 函数. 由于在边际模型中, 我们只对响应变量的一阶矩和二阶矩作了假定, 并不知道响应变量的分布, 因此不能使用极大似然估计, 为此, 我们可以采用拟似然函数的方法来讨论未知参数的估计.

1. 拟似然方程

首先对响应变量 $Y_{ij}, i = 1, 2, \cdots, m, j = 1, 2, \cdots, n_i$, 定义如下的函数

$$U_{ij}(\mu_{ij}) = \frac{Y_{ij} - \mu_{ij}}{\mathrm{Var}(Y_{ij})} = \frac{Y_{ij} - \mu_{ij}}{\phi \mathrm{Var}(\mu_{ij})}.$$

然后将函数 U_{ik} 关于 μ_{ik} 从 y_{ik} 到 μ_{ik} 进行积分, 得到

$$Q_{ij}(\mu_{ij}; y_{ij}) = \int_{y_{ij}}^{\mu_{ij}} U_{ij}(t)\mathrm{d}t = \int_{y_{ij}}^{\mu_{ij}} \frac{y_{ij} - t}{\phi \mathrm{Var}(t)}\mathrm{d}t.$$

上式 $Q_{ij}(\mu_{ij}; y_{ij})$ 被称为 Y_{ij} 的拟对数似然函数. 假设每个个体内部的观测都是独立的, 则此时总的拟对数似然函数为

$$Q(\mu; y) = \sum_{i=1}^{m}\sum_{j=1}^{n_i} Q_{ij}(\mu_{ij}; y_{ij}) = \sum_{i=1}^{m}\sum_{j=1}^{n_i} \int_{y_{ij}}^{\mu_{ij}} \frac{y_{ij} - t}{\phi \mathrm{Var}(t)}\mathrm{d}t. \tag{10.19}$$

拟对数似然函数 (10.19) 式关于 β 求导可以得到如下的拟得分函数

$$U(\beta) = \frac{\partial Q(\mu; y)}{\partial \beta} = \sum_{i=1}^{m} D_i' V_i^{-1}(y_i - \mu_i), \tag{10.20}$$

其中 $V_i = \mathrm{Var}(Y_i) = \phi \mathrm{diag}\left\{\mathrm{Var}(\mu_{i1}), \mathrm{Var}(\mu_{i2}), \cdots, \mathrm{Var}(\mu_{in_i})\right\}$,

$$D_i' = \begin{pmatrix} \left(\dfrac{\partial \mu_i}{\partial \beta_1}\right)' \\ \vdots \\ \left(\dfrac{\partial \mu_i}{\partial \beta_1}\right)' \end{pmatrix} = \begin{pmatrix} \dfrac{\partial \mu_{i1}}{\partial \beta_1} & \cdots & \dfrac{\partial \mu_{in_i}}{\partial \beta_1} \\ \vdots & & \vdots \\ \dfrac{\partial \mu_{i1}}{\partial \beta_p} & \cdots & \dfrac{\partial \mu_{in_i}}{\partial \beta_p} \end{pmatrix} = \left(\dfrac{\partial \mu_i}{\partial \beta}\right)'.$$

根据 (10.20) 式可得拟似然方程为

$$\sum_{i=1}^{m} D_i' V_i^{-1}(y_i - \mu_i) = 0. \tag{10.21}$$

需要注意的是, 此时的估计方程为独立估计方程, 因为此时所有观测之间是相互独立的, 从而方差矩阵 $\mathrm{Var}(Y_i)$ 为对角矩阵, 而相关矩阵 $R_i = I_{n_i}$ 为单位阵. 特别地, 若令 $\mu_i = X_i\beta$, 则估计方程 (10.21) 式可以简化为

$$\sum_{i=1}^{m} X_i' V_i^{-1}(y_i - X_i\beta) = 0,$$

因此 β 的估计为

$$\hat{\beta} = \left(\sum_{i=1}^{m} X_i' V_i^{-1} X_i\right)^{-1} \sum_{i=1}^{m} X_i' V_i^{-1} Y_i,$$

上述估计即为加权最小二乘估计. 当 V_i 是 β 的函数时, 则采用迭代算法求解.

2. 广义估计方程

由于上述方法是假设同一个个体内部观测数据独立, 但在实际问题中, 同一个个体内部观测数据可能不独立, 因此, Wedderburn 在 1974 年提出了如下的拟似然估计方程来估计参数:

$$\sum_{i=1}^{m} D_i' V_i^{-1} (Y_i - \mu_i) = \sum_{i=1}^{m} \left(\frac{\partial \mu_i}{\partial \beta} \right)' V_i^{-1} (Y_i - \mu_i) = 0. \tag{10.22}$$

此时协方差阵 V_i 是非对角阵. 令 ρ_{kl} 表示 Y_{ik} 和 Y_{il} 之间的相关系数, $k, l = 1, \cdots, n_i$, 从而有

$$\mathrm{cov}(Y_{ik}, Y_{il}) = \rho_{kl} \left[\mathrm{Var}(Y_{ik}) \mathrm{Var}(Y_{il}) \right]^{1/2}.$$

若假定 R_i 为 Y_i 的相关矩阵, 则协方差矩阵 V_i 可以分解为

$$V_i = \phi A_i^{1/2} R_i A_i^{1/2}, \tag{10.23}$$

其中

$$A_i = \begin{pmatrix} V(\mu_{i1}) & \cdots & 0 \\ \vdots & & \vdots \\ 0 & \cdots & V(\mu_{in_i}) \end{pmatrix}, \quad R_i = \begin{pmatrix} 1 & \cdots & \rho_{1n_i} \\ \vdots & & \vdots \\ \rho_{n_i 1} & \cdots & 1 \end{pmatrix}.$$

将 (10.23) 式代入 (10.22) 式有

$$\sum_{i=1}^{m} D_i' A_i^{-1/2} R_i^{-1} A_i^{-1/2} (Y_i - \mu_i) = 0. \tag{10.24}$$

由于在实际中, 个体内部观测的相关矩阵 R_i 通常是未知的, 因此 Liang 和 Zeger 在 1996 年建议用某一个给定的相关矩阵 $R_i(\alpha)$ 代替, 其中 α 为相关矩阵中所包含的未知参数向量, 称为工作相关矩阵 (working correlation matrix), 对于协方差矩阵为工作协方差矩阵, 仍记为 V_i. 基于假定的相关系数矩阵 $R_i(\alpha)$, 我们有相应的广义估计方程

$$U(\beta) = \sum_{i=1}^{m} D_i' A_i^{-1/2} R_i^{-1}(\alpha) A_i^{-1/2} S_i = 0. \tag{10.25}$$

其中 $S_i = Y_i - \mu_i$. 假设 α 和 ϕ 给定, 则 (10.25) 式的求解与前面介绍的 Newton-Raphson 迭代法或 Fisher 得分迭代相同, 即设 $\hat{\beta}$ 为满足 (10.25) 式的解, 则把 $U(\hat{\beta})$ 在 β 处 Taylor 展开, 最终有

$$\hat{\beta} = \beta + \left(-\frac{\partial U(\beta)}{\partial \beta'} \right)^{-1} U(\beta), \tag{10.26}$$

对应的 Fisher 得分迭代公式为

$$\hat{\beta}^{(r+1)} = \hat{\beta}^{(r)} + \left[-E\left(\frac{\partial U(\beta)}{\partial \beta'} \right) \bigg|_{\beta=\hat{\beta}^{(r)}} \right]^{-1} U(\hat{\beta}^{(r)})$$

$$= \hat{\beta}^{(r)} + \left[\sum_{i=1}^{m} D_i'(\hat{\beta}^{(r)}) V_i^{-1}(\hat{\beta}^{(r)}) D_i(\hat{\beta}^{(r)}) \right]^{-1} \sum_{i=1}^{m} D_i'(\hat{\beta}^{(r)}) V_i^{-1}(\hat{\beta}^{(r)}) S_i(\hat{\beta}^{(r)}),$$

$$(10.27)$$

其中 $S_i(\hat{\beta}^{(r)}) = Y_i - \mu_i(\hat{\beta}^{(r)})$.

采用广义估计方程估计回归系数时, 用独立的工作矩阵可以得到回归系数 β 的相合估计; 而当采用非独立的工作矩阵 $R(\alpha)$, 则会涉及相关系数 α 的估计. 由于篇幅限制, 这里不再对相关系数的估计进行介绍, 感兴趣的读者可以查阅相关文献.

在 R 软件中 geepack 包中的 geese 函数可以用于估计参数 β, 并提供非独立工作矩阵 $R(\alpha)$ 的相关系数 α 的估计等. 相应地, MESS 包中的 QIC 函数提供了拟似然准则 (QIC) 和相关系数 (CIC) 准则用于对协变量进行变量选择或相关系数矩阵选择, 感兴趣的读者也可以采用第 2 章介绍的现代变量选择方法对边际模型进行变量选择. geese 函数和 QIC 函数主要参数调用格式见表 10.4.

表 10.4 geese 和 QIC 函数表

geese(formula, id, data, family, mean.link, corstr = "independence")	
formula	描述自变量和因变量关系的式子, 与 glm 函数一样
id	被测试个体编号
data	包含变量名称的数据框
family	所选函数族, 与 glm 函数一样
mean.link	选择连接函数, 可选"identity", "logit", "probit", "cloglog", "log" 和"inverse"
corstr	选择工作相关矩阵结构, 可取"independence"(独立的工作矩阵), "exchangeable"(等相关阵), "ar1"(一阶自回归相关矩阵) 等
QIC(object)	
object	geeglm 函数返回的对象

10.5 纵向数据分析实例

本次案例采用的是银行板块 38 只股票数据, 考虑 2014 年至 2019 年各公司年度财务数据对年末股票收盘价的影响, 财务数据的指标包括: 每股基本收益、每股净资产、每股未分配利润、每股公积金、销售毛利率 5 个指标. 由于不同银行上市时间不同, 如渝农商行只有 2019 年末的股票收盘价, 因此该数据集为不平衡数据. 此外, 由于厦门银行和重庆银行为 2019 年之后上市, 因此剔除这两只股票, 共计 36 只股票. 数据来源于西南证券金点子财富管理终端. 将 36 只股票 2019 年的样本作为测试样本, 共 36 个; 剩余样本作为训练样本, 共 109 个. 考虑 MAPE 作为模型的内预测和外预测效果的评价指标.

首先我们对该数据集建立线性模型, 分别基于最小二乘法等相关结构下的极大似然方法 (加权最小二乘法) 和约束极大似然方法对模型进行求解, 模型参数求解结果见表 10.5. 模型内预测与外预测效果的 MAPE 值见表 10.6.

表 10.5　不同求解方法下的模型参数估计结果

自变量	最小二乘法	极大似然法	约束极大似然法
常数项	9.5986	9.6154	9.6164
每股基本收益	5.9586	5.9392	5.9308
每股净资产	0.8176	0.6192	0.5700
每股未分配利润	-2.0870	-2.2741	-2.2513
每股公积金	-0.3229	0.1918	0.2642
销售毛利率	-1.0482	-0.6837	-0.6152

表 10.6　模型预测效果评价

方法	内预测	外预测
最小二乘法	1.7524	2.4140
极大似然法	1.7591	2.2800
约束极大似然法	1.7664	2.2490
Gee 估计-独立工作矩阵	1.8473	1.9740
Gee 估计-等相关矩阵	1.8748	1.8865
Gee 估计-AR(1)	1.8869	1.9365

表 10.5 结果显示, 三种求解方法得到的参数估计结果相差不大, 但符号并不一致. 由程序运行结果可知, 采用极大似然法得到的标准误差为 2.491, 是最小的, 其次是最小二乘法得到的标准误差为 2.522, 最大的为约束极大似然法得到的 2.624. 尽管最小二乘法的内预测效果是最好的, 但其外预测效果却是最差的, 约束极大似然法略优于极大似然法的外预测效果.

其次我们通过 crPlots 函数判断自变量与因变量是否为线性关系, 结果见图 10.1. 根据图 10.1 可以大致判断每股净资产、每股公积金和销售毛利率与股票价格并非线性关系. 由于股票价格是正测量数据, 且每股净资产、每股公积金与股票价格大致呈指数关系, 为此我们考虑连接函数为 $h(\mu) = \ln(\mu)$, 调用 R 中的 geese

函数求解分别在独立工作矩阵等相关结构和 AR(1) 下的边际模型, 模型参数估计结果见表 10.7, 三种方法下的内预测与外预测效果的 MAPE 值见表 10.6.

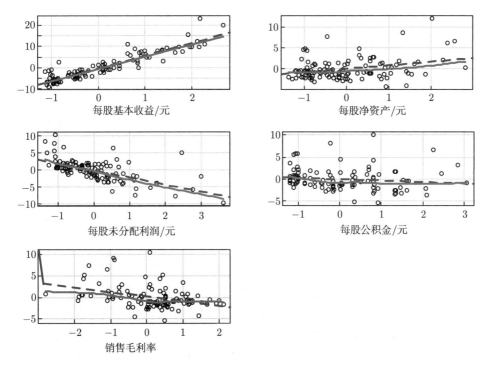

图 10.1   自变量与残差图

表 10.7   不同工作矩阵下的模型参数估计结果

自变量	独立工作矩阵	等相关矩阵	AR(1)
常数项	2.1737	2.1840	2.1822
每股基本收益	0.4754	0.4488	0.4311
每股净资产	0.0195	0.0067	−0.0094
每股未分配利润	−0.1159	−0.1060	−0.0999
每股公积金	0.0393	0.0626	0.0726
销售毛利率	−0.1138	−0.0581	−0.0489

表 10.7 结果显示, 不同工作矩阵得到的模型参数估计结果是相近的. 当采用等相关矩阵时, 得到的相关系数 $\hat{\alpha} = 0.3723$, 沃尔德统计量和 p 值分别为 5.1548 与 0.0232. 因此 p 值小于 0.05, 则说明相关系数显著不为 0. 而 AR(1) 下的相关系数估计为 0.5628, 表明同一只股票不同年度之间存在较强的相关性. 根据表 10.6 结果可知, 连接函数为 $h(\mu) = \ln(\mu)$ 的边际模型外预测效果明显优于线性模型, 且采用等相关矩阵时得到的估计效果最好.

附录 A 翻转课堂案例汇编

由于采用了翻转课堂的教学模式, 学生都需要课后通过阅读相关的论文, 并采集证券数据进行实证分析, 硕士研究生都需要在方法上有所改进和创新, 由于时间所限, 这些案例都显得不够深入, 但很多学生的习作仍然体现了较高的水平, 有些经过进一步研究已经在国际学术期刊发表 (参见书末的部分参考文献), 这里附上作者之一明浩在读硕期间该门课程中提交的六个案例, 供教学中的师生参考.

A.1 案例 1: 数据可视化的探索

A.1.1 摘要

数据可视化通过图表的直观性与交互的便利性, 对内可以增强决策能力、提高工作效率, 对外可以让观众一目了然地了解企业的主营业务与公司实力. 本次作业主要以围绕股票数据为例, 进行数据的可视化, 采用现代化的可视化技术, 如文本数据的关键词提取, 通过词云图以方便读者快速了解文本内容和主题. 通过对股票数据的爬取, 采用 R 软件绘制股票的各项指标图, 针对 10 个地区的 10 只股票的多日涨幅情况, 通过动态的散点图、箱线图、折线图以展示时间序列数据的变化过程.

A.1.2 改进措施

本次作业主要是针对股票数据的收集采用了 R 软件在线爬取方法, 并运用了动态的可视化方法.

A.1.3 数据来源和采集时间

通过国泰君安君弘软件搜集片仔癀股票的业内点评 (2020 年 9 月 2 日). 其次选取贵州茅台、云南白药、重庆啤酒、山西汾酒、辽宁成大、安徽建工、湖北广电、浙江震元、江苏阳光、北京文化 10 只股票 2020 年 8 月 3 日至 2020 年 9 月 3 日的股票涨幅数据.

A.1.4 程序分析结果

图 A.1 是股票片仔癀行业点评文本文件的词云图, 通过词频直观显示文本重点和股票主要标签, 达到快速掌握文本关键词和主要内容的目的, 便于快速决策.

图 A.1　片仔癀股票行业点评词云图 (彩图请扫二维码)

图 A.2 是不同股票涨幅关于时间的变化图.

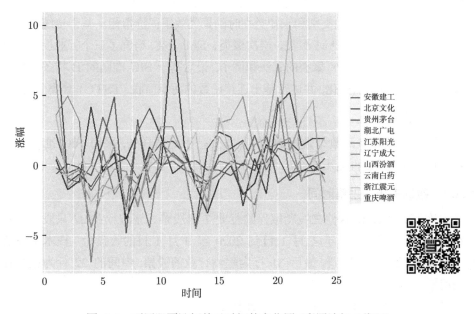

图 A.2　不同股票涨幅关于时间的变化图 (彩图请扫二维码)

此处只展示了静态图像. 通过对数据的搜集整理, 采用 R 软件中 ggplot 包可以对数据可视化, 编写出可视化的动态程序.

A.1.5 结论和展望

2020 年由于新型冠状病毒的影响, 关于数据的可视化得到广泛的运用, 构建更加直观的可视化方法是十分有效的, 例如动态疫情的空间日历图使得我们充分了解到各个地区的疫情感染形势. 但是关于文本数据的可视化仍然具有挑战, 如何高效地提取文本关键词是一项仍旧值得探讨的技术.

A.2 案例 2: 函数型数据的聚类分析

A.2.1 摘要

聚类分析是一种完全依据数据集特征的无监督学习方法, 没有事先已知的类标签, 因此聚类分析的结果很大程度上取决于数据本身的特性. 传统的聚类分析常将采集的样本数据视为一个个向量, 然后利用向量进行聚类分析. 随着信息技术的高速发展, 许多领域都涌现出大量的复杂数据集, 随着数据采集频率的加快, 数据形式不再局限于传统的向量形式. 用传统的数据分析方法对函数型数据进行研究, 会造成信息损失、维数过高、模型估计不好等问题. 为了解决这些问题, 加拿大学者 J.O. Ramsay 于 1982 年给出了函数型数据分析的概念.

本次作业给出了已知类别和未知类别时的聚类效果评价指标. 基于传统的聚类方法: K-Means 聚类、PAM 聚类、层次聚类、EM 聚类, 研究了三个行业板块的分类效果, 并给出 DBSCAN 聚类的算法和例子. 最后基于 SIC 准则的 B 样条函数估计方法, 将离散数据函数化, 并进行基于连续函数的两步串联 (TSTC) 聚类分析.

A.2.2 改进措施

本次作业主要从函数型数据的角度出发, 基于光滑样条, 采用 SIC 准则将离散数据进行函数化, 再运用传统的聚类分析方法.

A.2.3 数据来源和采集时间

本次作业通过 R 软件在线爬取保险行业 7 只股票、旅游行业 22 只股票、酿酒行业 31 只股票 2020 年 4 月 1 日到 2020 年 9 月 1 日的收盘价. 样本矩阵的前 7 行为保险行业的股票, 最后 31 行为酿酒行业的股票, 中间的 22 行为旅游行业的股票.

模式识别数据来源于文献 (薛薇, 2016).

A.2.4 程序分析结果

通过实例分析, 计算评价指标 (即正确率). 可以看出传统数据的 K-Means 聚类正确率为 43.33%, 而函数型数据的 K-Means 聚类正确率为 70%. 传统数据的

PAM 聚类正确率为 55%, 而函数型数据的 PAM 聚类正确率为 60%. 传统数据的层次聚类正确率为 55%, 而函数型数据的层次聚类正确率为 78.33%. 传统数据的 EM 聚类正确率为 43.33%, 而函数型数据的 EM 聚类正确率为 71.67%. 这表明从函数型数据的角度出发, 能够有效地提升聚类的效果.

本次作业最后给出了模式识别数据的 DBSCAN 的实际例子表现 (图 A.3), 并介绍了其具体算法.

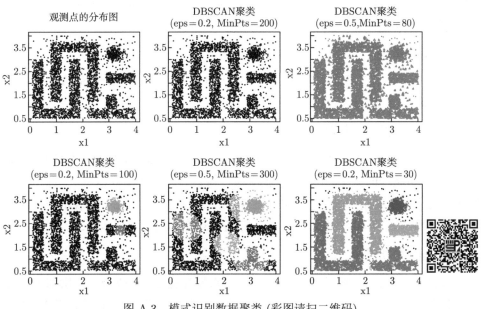

图 A.3　模式识别数据聚类 (彩图请扫二维码)

A.2.5　结论和展望

函数型数据是大数据时代的典型数据, 也是大数据分析的重要视角. 函数型数据聚类分析的研究方向: 数据质量事前、事中、事后的综合提升; 基函数类型和类别数目的客观确定; 空间相关的多元函数型数据聚类; 经济管理领域的应用推广. 考虑的创新: DBNC 聚类时的函数相似性度量方法, 可以考虑函数导数的线性组合定义; 多元函数型数据的聚类如何将多指标转化为单个指标进行聚类分析.

A.3　案例 3: 基于 SCAD 惩罚的 SFPLR-Logistic 模型

A.3.1　摘要

本次作业具体研究以下两方面内容. 第一, 相对于支持向量机算法复杂度为 n^3, 而逻辑斯谛回归模型的复杂度是和样本量 n 成正比, 因此逻辑斯谛回归在计算上更具有优势. 然而逻辑斯谛回归对数据要求较高, 且在高维情况下已经失效, 为此本案例采用基于稀疏主成分方法的两步法, 也对比了采用 LASSO 的逻辑斯谛回归模型. 第二, 在实际应用中, 随着信息技术的高速发展, 许多领域都涌现出大量的复杂数据集. 随着数据采集频率的加快, 数据形式不再仅限于传统的向量形式. 比如工业领域的数控机床的实时监控数据、医学领域的磁共振图数据、气象领域的气温观测数据、金融领域上市公司股价变动的数据等. 这些可以看作关于时间 t 的随机过程, 基于 SFPLR (semi-functional partial linear regression) 模型, 本次作业提出了基于 SCAD 惩罚的 SFPLR-Logistic 模型.

A.3.2 改进措施

本次作业考虑在高维情况下, 基于 SFPLR 模型, 提出了基于 SCAD 惩罚的 SFPLR-Logistic 模型.

A.3.3 数据来源和采集时间

数据采集通过 R 软件在线爬取. 本次作业采用上证 50 指数成分股最近 60 天的数据 (2020 年 9 月 24 日为截止日期), 每只成分股采用开盘价, 上证指数根据当天的收盘价和前一天的收盘价, 换算为涨跌 (1 表示今日涨, 0 表示今日跌或者持平). 将样本前 40 个作为训练样本集, 后 20 个作为测试样本集.

A.3.4 程序分析结果

本次作业考虑在高维情况下, 普通的逻辑斯谛回归已经失效, 采用基于稀疏主成分方法将高维矩阵转化为低维矩阵, 再进行逻辑斯谛回归; 直接基于 LASSO 正则化的逻辑斯谛回归; 对比本次作业基于 SFPLR 模型, 提出了基于 SCAD 惩罚的 SFPLR-Logistic 模型. 通过实例分析, 以及训练集和测试集的预测效果, 可以看出本次作业提出的基于 SFPLR-Logistic 模型的内预测优于 LASSO 的逻辑斯谛回归模型, 但低于 SPCA 方法下的逻辑斯谛回归模型, 不过在外预测上, 改进的方法效果优于其他两种方法. 详细结果见表 A.1.

表 A.1 不同方法预测的正确率

方法	训练样本正确率	测试样本正确率
SPCA	72.5%	50%
LASSO	55%	50%
SFPLR-SCAD	62.5%	55%

A.3.5 结论和展望

关于非参数和半参数模型的很多知识可以转移到函数型数据. 关于分类问题中的逻辑斯谛回归可以考虑结合现有的函数型数据模型, 考虑建立高维情况下的变量选择或者考虑软支持向量机增加变量选择进一步推广.

A.4 案例 4: 基于稀疏主成分的关键词提取

A.4.1 摘要

本次作业我们具体研究以下两方面内容. 第一, 基于词频矩阵 (term frequency, TF) 和逆文本频率指数 (inverse document frequency, IDF) 矩阵, 使用稀疏主成分对 953 条体育资讯新闻的关键词提取. 第二, 考虑函数型主成分分析在上证 50 股票资产价格变化中的分析.

A.4.2 改进措施

本次作业考虑在高维情况下, 针对文本数据, 考虑基于稀疏主成分的方法进行关键词提取.

A.4.3 数据来源和采集时间

数据介绍: Canhui Wang, Min Zhang, Shaoping Ma, Liyun Ru, the 17th International World Wide Web Conference (WWW08), Beijing, April, 2008d 的数据集包含 953 个新闻页面、108 个主题. 这些网页是 2007 年 4 月 22 日来自中国主要网站之一搜狐体育频道的新闻, 最高主题 151 个, 最低只有 1 个, 每个样本选择词频为前 30% 的词作为关键词备选. 为保证分词效果更好, 考虑从搜狗词库下载 22 个关于体育主题 (包括足球、篮球、斯诺克等) 的用户词库.

对于函数型主成分的数据, 采用 R 软件在线爬取上证 50 指数成分股票 2016 年 10 月 7 日至 2020 年 10 月 7 日的收盘价数据, 由于药明康德等 8 只股票 2016 年存在很多天的停盘现象, 因此剔除这 8 只股票, 只剩下 42 只股票, 共 972 天的数据. 由于本次试验考虑的是股票收益的对数收益率, 因此数据变成 971 天.

A.4.4 程序分析结果

通过两组实验发现, 应当考虑每个样本词频数前 30% 作为候选关键词, 采用稀疏主成分进行筛选. 我们希望对于单个词, 如 "的" 等无意义的词被删除, 但其结果表明, 无论是词频 (TF) 还是词频逆文本频率指数 (TFIDF), 两种方法下的稀疏主成分选择关键词都是失效的. 当采用人为筛选了单个的词后, 进一步考虑稀疏主成分进行关键词选择, 其结果表现也是不如意的. 此次试验结果表明: 对于样本下的无监督学习稀疏主成分选择关键词, 未能达到理想的效果.

对于函数型数据 (图 A.4) 的主成分分析, 图 A.5 展现了函数型主成分对均值函数 (图 A.4) 的扰动图, 其中图 A.5 第一行的左右两图分别是未旋转的函数型第

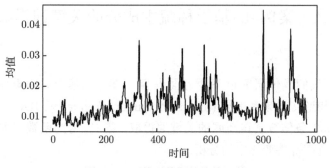

图 A.4 函数型数据的均值函数

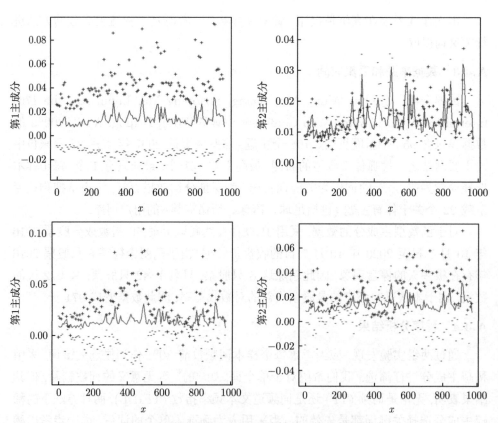

图 A.5 第 1 和第 2 主成分旋转前后扰动对照图

1 和第 2 主成分, 第二行左右两图分别是按方差最大旋转后的函数型第 1 和第 2 主成分. 其中实线表示均值函数, "+" 和 "−" 分别表示均值函数加上该主成分的扰动图. 通过图 A.5 可以直观地看出, 采用第 1 和第 2 主成分对原始数据有足够多的解释, 这表明函数型主成分分析对降维很有帮助. 图 A.5 显示对于未旋转的第 1 主成分保持着相对恒定的平均垂直位移, 第 2 主成分的交替变化反映了其权重函数的符号发生改变. 另一方面, 由于未旋转的函数型主成分的形式大致都是相同的, 因此我们希望通过方差最大旋转以寻找更有意义的解释, 从图 A.5 中的第二行可以看出, 第 1 主成分可以考虑为外部条件带来的综合因素的影响, 第 2 主成分可以考虑为股票市场情况的影响. 最后可以通过主成分得分 (图 A.6) 进行分类.

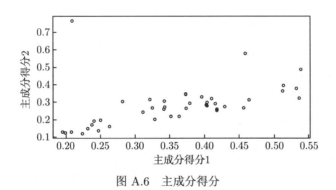

图 A.6 主成分得分

A.4.5 结论和展望

直接对文本数据进行稀疏关键词选择是困难的, 需要更多的技术, 如类似 TFIDF 的定义方法的研究, 这是值得尝试的.

A.5 案例 5: 基于稀疏主成分的强影响点诊断

A.5.1 摘要

本次作业我们具体研究以下内容: 关于因变量的强影响点诊断, 考虑稳健的损失函数, 如分位数回归, 能有效识别, 方法更稳健.

针对协变量的异常点检验, 考虑对转置后的样本矩阵采用稀疏主成分进行变量选择, 以得到样本的异常点, 并对比了采用 K-Means 聚类分析结果. 最后通过实例分析, 对比了 LS 估计、非负 LS 估计以及分位数回归在上证 50 股票指数追踪的应用.

A.5.2   改进措施

本次作业分别考虑在低维和高维情况下, 针对协变量, 采用稀疏主成分对 X' 进行变量筛选, 以识别强影响样本.

A.5.3   数据来源和采集时间

模拟数据: ① 考虑样本量 $n = 100, p = 10$ 和 $p = 200$, 常数为 3, 前四个系数分别为 1,2,3,4, 其余为 0. 协变量 X 来自均值为 0, 协方差阵为 $0.5^{|i-j|}$ 的多元正态分布, 随机误差来自标准正态分布, 后 20% 的样本还含有来自均匀分布 $U(3,7)$ 的噪声. ② 考虑样本量 $n = 100, p = 20$ 和 $p = 200$, 常数为 3, 前四个系数分别为 1,2,3,4, 其余为 0. 协变量来自均值为 0, 协方差阵为 $0.5^{|i-j|}$ 的多元正态分布, 随机误差来自标准正态分布, 后 20% 的样本来自均值为 1, 协方差阵对角元为 $0.5^{|i-j|}$ 的多元正态分布.

实际数据: 采用 R 软件在线爬取上证 50 成分股 2020 年 4 月 29 日至 2020 年 10 月 29 的股票数据. 拟合样本是前 80 个样本, 测试样本是第 81 个到第 124 个样本.

A.5.4   程序分析结果

通过模拟, 可以看出分位数回归对响应变量 y 的预测, 通过简单的 2σ 原则就可以大致判断出异常点, 效果较为明显 (图 A.7). 而当考虑低维和高维存在异常样本的协变量矩阵时, 提出采用的基于稀疏主成分的方法进行异常点的选择效果不明显, 而直接采用 K-Means 方法得到的分类结果反而十分精确.

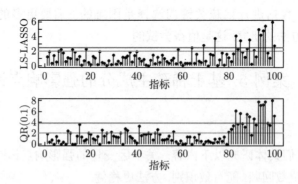

图 A.7   异常点检验

实例分析中, 考虑基于分位数回归, 对比普通的最小二乘和非负最小二乘法, 可以看出分位数回归的指数跟踪效果优于普通最小二乘法 (图 A.8), 但略差于非负最小二乘, 这是因为指数与成分股之间本身为正相关的关系.

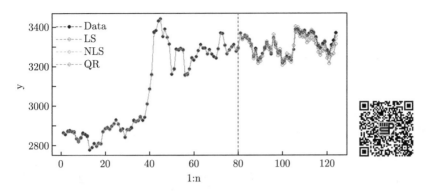

图 A.8 数据拟合 (彩图请扫二维码)

A.5.5 结论和展望

通过稳健的方法, 确实能在一定程度消除异常点的影响. 如考虑基于分位数回归的方法进行回归预测是具有重要意义的. 但是采用稀疏主成分进行异常点检验的方法需要附加一些温和的条件, 或通过某种变换, 这些是可以进一步研究的.

A.6 案例 6: 高维多重共线性问题

A.6.1 摘要

本次实验给出了当低维协变量存在多重共线性时, 岭估计、主成分回归估计、Liu 估计、双参数估计 $\hat{\beta}_{k,d} = (X^{\mathrm{T}}X + I)^{-1}(X^{\mathrm{T}}X + dI)(X^{\mathrm{T}}X + kI)^{-1}X^{\mathrm{T}}y$ 以及单参数主成分估计的模拟效果. 进一步推广至协变量为高维相关数据时, 对比了 LASSO, Elastic net, SACE 和 Double 的参数估计效果. 针对上证 50 股票, 对比了上述方法的实际样本表现.

A.6.2 改进措施

本次作业考虑在高维情况下, 类似 Elastic net 和 SACE 估计的思想, 我们结合正则化方法和双参数估计提出 Double 估计, 同时解决变量选择和数据相关的问题. 具体如下:

双参数估计可以被考虑为最小化目标函数 $\min \frac{1}{2}\|y - X\beta\|_2^2 + \frac{1}{2}\|(d-k)\hat{\beta}_k - \beta\|_2^2$, 其中 $\hat{\beta}_k = (X^{\mathrm{T}}X + kI)^{-1}X^{\mathrm{T}}y$. 为此我们结合正则化方法, 即最小化目标函数为: $\min \frac{1}{2}\|y - X\beta\|_2^2 + \frac{1}{2}\left\|(d-k)\hat{\beta}_k^0 - \beta\right\|_2^2 + \lambda\|\beta\|_1$, 其中被 $\hat{\beta}_k^0$ 考虑为给定参数 k 下的最优 Elastic net 估计. 令 $X^* = \begin{pmatrix} X \\ I \end{pmatrix}, y^* = \begin{pmatrix} y \\ (d-k)\hat{\beta}_k \end{pmatrix}$, 即最小

化 $\min \dfrac{1}{2}\|y^* - X^*\beta\|_2^2 + \lambda\|\beta\|_1$.

A.6.3   数据来源和采集时间

模拟数据: ①样本量 $n = 50, p = 10, X_j, j = 1, \cdots, p$ 来自于标准正态分布, 考虑变量间的相关性, 令 $X_j = z + \delta_j, z \sim N(0,1), \delta_j \sim N(0,0.01), j = 1, \cdots, 5$, 对应的前 5 个变量的系数为 3, 其余都为 0. 随机误差 $\varepsilon \sim N(0,0.4^2)$. ②与①不同的是 $p = 100$.

实际数据: 采用 R 软件在线爬取 2020 年 5 月 1 日至 2020 年 11 月 12 日上证 50 指数及其成分股收盘价进行线性回归. 为方便采用对 X 中心标准化处理, 对 y 中心化处理, 消除常数项. 前 70% 的数据进行训练, 后 30% 的数据进行预测.

A.6.4   程序分析结果

为了比较低维情况协变量存在多重共线性时不同方法下估计偏差, 本次作业采用估计误差的二范数进行评价, 通过 100 次重复实验, 结果见表 A.2 和表 A.3. 我们发现单参数主成分估计的效果最好, PCR 估计 (选取 80% 的信息) 次之. 这也符合实际情况, 因为主成分估计在协变量存在高的多重共线性时, 主成分包含的信息也越集中. 而相比于岭估计和 Liu 估计, 双参数估计表现出更好的估计效果, 这些有偏估计均优于最小二乘估计. 高维情况下仅给出模拟, 结果显示 Double 效果最好, SACE 估计略低于 Double 方法.

表 A.2   低维情况下 100 次实验 $\|\hat\beta - \beta\|_2$ 平均值及标准差

类别	OLS	岭估计	PCR	Liu 估计	单参数主成分	双参数
平均值	1.1582	0.5474	0.4716	0.9711	0.3376	0.4865
标准差	0.4506	0.2700	0.3222	0.4291	0.1597	0.2593

表 A.3   高维情况下 100 次实验 $\|\hat\beta - \beta\|_2$ 平均值及标准差

类别	LASSO	Enet	SACE	Double
平均值	1.3980	0.8739	0.5787	0.5705
标准差	0.5732	0.4685	0.2928	0.2453

本次作业仅考虑了在低维的实例分析, 结果表明双参数估计效果比其他方法在外预测上有更好的表现 (图 A.9), 双参数估计在低维情况和单参数主成分估计相差不大, 但单参数主成分估计不能推广到高维, 如需要推广, 可考虑单参数稀疏主成分估计法.

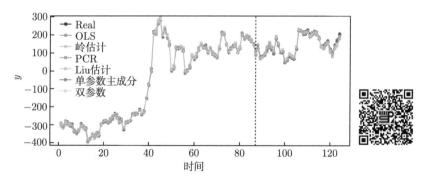

图 A.9　数据拟合 (彩图请扫二维码)

A.6.5　结论和展望

Double 方法略优于 SACE 估计, 这是因为关于岭参数 k 的选取在本例中是预先通过 Elastic net 给定的, k 的选取需要进一步考虑. Elastic net 和 SACE 估计的发展使得有偏估计结合正则化方法将适用于高维相关数据, 因此, 一方面我们可以进一步研究更有效的有偏估计结合正则化方法. 另一方面, 我们还可以通过改变正则化方法, 即有偏估计结合性质更好的非凸惩罚函数以改进参数估计效果.

附录 B R 应用程序

R 软件是一个开放的完全免费的自由软件, 具有强大的数据统计分析能力和作图功能. 利用 R 软件, 可以很方便地实现数据整理与统计分析. 关于 R 软件的下载和安装, 只需打开网页 http://cran.r-project.org/, 对于 Windows 用户, 可以继续点击 Download R for Windows 进入下载页面, 下载完毕后就像一般的 Windows 软件安装即可. 安装完毕之后, 程序会默认在桌面创建 R 主程序的快捷方式, 通过点击该快捷方式, 可以调出 R 的主窗口. 然后本书的程序都可以直接拷贝到主窗口运行. 本书的程序均在 R-4.2.1 上运行过 (R 程序更新得很快, 不同版本运行程序包可能会有变化, 尤其是作图, 使用的时候需要留意).

由于程序拷贝运行更方便, 本讲义正式出版时未将程序付印, 读者可通过互联网下载. 在多年的教学实践中, 本讲义积累了丰富的配套案例和 R 应用程序, 均可以通过网上下载, 很多程序被学生上传到互联网, 百度一下, 就可以搜到.

程序和案例下载网站

http://artsoncqu.eicp.top/sdam/

也可以通过 QQ 群共享文件下载 (师生均可加入该群, 共同交流学习提高)

QQ 群: 783459582(应统专硕统计数据分析方法)

参 考 文 献

陈希孺, 王松桂. 1987. 近代回归分析. 合肥: 安徽教育出版社.

孙志华, 尹俊平, 陈菲菲, 等. 2016. 非参数与半参数统计. 北京: 清华大学出版社.

王松桂. 1987. 线性模型的理论及其应用. 合肥: 安徽教育出版社.

王松桂, 史建红, 尹素菊, 等. 2004. 线性模型的理论及其应用. 北京: 科学出版社.

王友乾, 付利亚, 徐建文. 2015. 纵向数据分析. 北京: 高等教育出版社.

薛留根. 2013. 现代统计模型. 北京: 科学出版社.

薛薇. 2016. R 语言数据挖掘方法及应用. 北京: 电子工业出版社.

薛毅, 陈立萍. 2007. 统计建模与 R 软件. 北京: 清华大学出版社.

杨虎. 1989. 单参数主成分回归估计. 高校应用数学学报, 4: 74-80.

杨虎. 1989. 回归诊断中数据集对各点拟合值的影响分布. 重庆交通学院学报, 8: 44-52.

杨虎. 1991. 强影响的一种新度量. 数理统计与应用概率, 6: 212-219.

杨虎, 刘琼荪, 钟波. 2004. 数理统计. 北京: 高等教育出版社.

杨虎, 杨玥含. 2016. 金融大数据统计方法与实证. 北京: 科学出版社.

杨虎, 钟波, 刘琼荪. 2006. 应用数理统计. 北京: 清华大学出版社.

杨玥含, 杨虎, 彭胜银. 2018. 金融大数据统计方法与实证配套课件及 R 程序光盘. 北京: 科学出版社.

Belsley D A, Kuh E, Welsch R E. 1980. Regression Diagnostics. New York: Wiley.

Breiman L. 1995. Better subset selection using the non-negative garotte. Technometrics, 37(4): 373-384.

Choi J, Oehlert G, Zou H. 2010. A penalized maximum likelihood approach to sparse factor analysis. Statistics and Its Interface, 3(4): 429-436.

Cook R D, Weisiberg S. 1980. Characterizations of an empirical influence function for detecting influential cases in regression. Technometrics, 22(4): 495-508.

Cortes C, Vapnik V. 1995. Support-vector networks. Machine Learning, 20: 273-297.

Efron B, Hastie T, Johnstone I, et al. 2004. Least angle regression. The Annals of Statistics, 32(2): 407-451.

Fan J Q, Fan Y. 2008. High-dimensional classification using features annealed independence rules. The Annals of Statistics, 36(6): 2605-2637.

Fan J Q, Li R Z. 2001. Variable selection via nonconcave penalized likelihood and its oracle properties. Journal of the American Statistical Association, 96(456): 1348-1360.

Fan J Q. 1992. Design adaptive nonparametric regression. Journal of the American Statistical Association, 87(420): 998-1004.

Hastie T, Tibshirani R, Friedman J H. 2008. Elements of Statistical Learning: Data Mining, Inference, and Prediction. 2nd ed. Berlin: Springer.

Hirose K, Yamamoto M. 2014. Estimation of an oblique structure via penalized likelihood factor analysis. Computational Statistics and Data Analysis, 79: 120-132.

Hoerl A, Kennard R. 1970. Ridge regression: Biased estimation for nonorthogonal problems. Technometrics. 12(1): 55-67.

Li T T, Yang H, Wang J L, et al. 2011. Correction on estimation for a partial-linear single-index model. Annals of Statistics, 39(6): 3441-3443.

Liu K J. 1993. A new class of biased estimate in linear regression. Communications in Statistics-Theory and Methods, 22: 393-402.

Lv J, Yang H, Guo C H. 2015. An efficient and robust variable selection method for longitudinal generalized linear models. Computational Statistics and Data Analysis, 82: 74-88.

Mai Q, Zou H, Yuan M. 2012. A direct approach to sparse discriminant analysis in ultrahigh dimensions. Biometrika, 99(1): 29-42.

Ming H, Liu H L, Yang H. 2022. Least product relative error estimation for identification in multiplicative additive models. Journal of Computational and Applied Mathematics, 404: 113886.

Qi K, Tu J W, Yang H. 2022. Joint sparse principal component regression with robust property. Expert Systems with Applications, 187: 115845.

Qi K, Yang H, Hu Q Y, et al. 2019. A new adaptive weighted imbalanced data classifier via improved support vector machines with high-dimension nature. Knowledge-Based Systems, 185(1): 104933.

Qi K, Yang H. 2021. Elastic net nonparallel hyperplane support vector machine and its geometrical rationality. IEEE Transactions on Neural Networks and Learning Systems, doi: 10.1109/TNNLS.2021.3084404.

Ramsay J O, Hooker G, Graves S. 2009. Functional Data Analysis with R and MATLAB. Berlin: Springer.

Tibshirani R, Hastie T, Narasimhan B, et al. 2002. Diagnosis of multiple cancer types by shrunken centroids of gene expression. Proceedings of the National Academy of Sciences, 99(10): 6567-6572.

Tibshirani R. 1996. Regression shrinkage and selection via the Lasso. Journal of the Royal Statistical Society, Series B, 58: 267-288.

Trendafilov N, Jolliffe I. 2007. DALASS: Variable selection in discriminant analysis via the LASSO. Computational Statistics and Data Analysis, 51(8): 3718-3736.

Witten D M, Tibshirani R. 2011. Penalized classification using Fisher's linear discriminant. Journal of the Royal Statistical Society, Series B, 73(5): 753-772.

Wu L, Yang Y H, Liu H Z. 2014. Nonnegative-lasso and application in index tracking. Computational Statistics and Data Analysis, 70: 116-126.

Wu L, Yang Y. 2014. Nonnegative elastic net and application in index tracking. Applied Mathematics and Computation, 227(15): 541-552.

Wu M C, Zhang L, Wang Z, et al. 2009. Sparse linear discriminant analysis for simultaneous testing for the significance of a gene set/pathway and gene selection. Bioinformatics, 25(9): 1145-1151.

Xie W L, Yang H. 2020. The structured smooth adjustment for square-root regularization: Theory, algorithm and applications. Knowledge-Based Systems, 207(5): 106278.

Yang Y H, Yang H. 2021. Adaptive and reversed penalty for analysis of high-dimensional correlated data. Applied Mathematical Modeling, 92: 63-77.

Yuan M, Lin Y. 2006. Model selection and estimation in regression with grouped variables. Journal of the American Statistical Association, 68(1): 49-67.

Zhang C. 2010. Nearly unbiased variable selection under minimax concave penalty. The Annals of Statistics, 38(2): 894-942.

Zou H, Hastie T, Tibshirani R. 2006. Sparse principal component analysis. Journal of Computational and Graphical Statistics, 15: 265-286.

Zou H, Hastie T. 2005. Regularization and variable selection via the elastic net. Journal of the Royal Statistical Society, Series B, 67: 301-320.